LA SOCIÉTÉ DES ANIMAUX

Connectez-vous sur : **www.lamartiniere.fr**

LA SOCIÉTÉ DES ANIMAUX

ÉRIC
BARATAY

De la Révolution à la Libération

Éditions
de La Martinière

SOMMAIRE

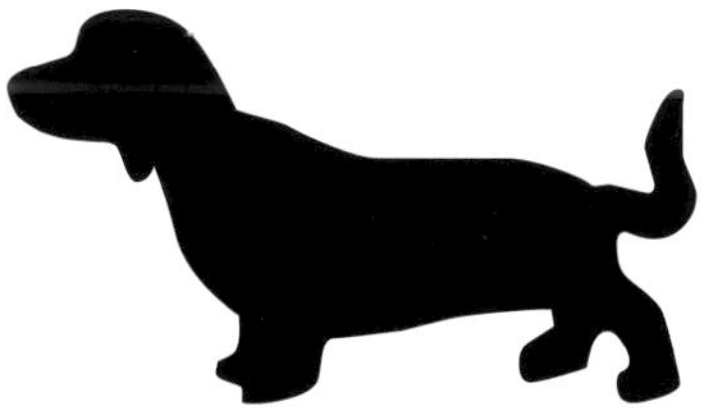

À Bénédicte
et sa Noisette

L'APOGÉE D'UNE PRÉSENCE

De la fin du XVIIIe siècle jusqu'au milieu du XXe siècle, il n'y a jamais eu autant d'animaux utilitaires autour des hommes, dans les villes et les campagnes. Il n'y a jamais eu, non plus, autant d'emplois pour ces bêtes, depuis les chiens tirant les charrettes jusqu'aux vaches urbaines fournissant le lait frais en passant par les chevaux des mines.

Ainsi, on comptait en France 7 millions de bovins en 1789, et un peu plus du double en 1914 ; de même, il y avait 1 million de chiens avant la Révolution et 3 millions un siècle plus tard ; quant aux porcs, ils sont passés de 4 à 7 millions, et les chevaux de moins de 2 millions à plus de 3 millions, alors même que le bateau à vapeur, le train puis l'automobile leur faisaient une concurrence croissante. Les effectifs ont doublé, voire triplé, tandis que la population n'augmentait que de 45 %. Le nombre des moutons atteint 33 millions en 1852 pour 35 millions de Français ! Cette prolifération se maintient jusqu'aux années 1930-1940, le creux occasionné par la Première Guerre mondiale ayant vite été comblé.

Jusqu'au XVIIIe siècle, les animaux étaient moins nombreux, notamment dans les campagnes. Les études montrent qu'à cette époque les chevaux et les bœufs étaient à peu près réservés aux paysans aisés, aux domaines aristocratiques, bourgeois ou religieux. Rares étaient les journaliers sans terre ou les petits cultivateurs qui possédaient des vaches. Le nombre des porcs était encore moins élevé, et était même en régression depuis le XVIe siècle. Car les effectifs du cheptel étaient variables. Depuis la Préhistoire, ils oscillaient fortement au gré des fluctuations démographiques et économiques. Ainsi, aux XVIIe et XVIIIe siècles, le déboisement ou la protection des forêts, lieu de pâture des bêtes, et l'augmentation du prix du sel, utilisé pour conserver la viande, rendirent l'élevage du porc inaccessible à beaucoup. Dans certains villages du Bassin parisien, un quart seulement des foyers pouvaient en engraisser un. Seul le mouton, présent en nombre dans toutes les catégories rurales parce que cet animal est adapté à paître dans les bois, sur les chaumes ou les jachères, et de surcroît fume bien les terres, faisait exception.

Cette variation du cheptel venait de la fréquence des épizooties, qui décimaient les troupeaux, et de la difficulté à nourrir les bêtes. Les prairies et les fourrages étaient rares et chers du fait de la priorité accordée aux labours et à la culture des céréales. Le ramassage des feuilles, des herbes et des glands, ou le pacage sur les incultes, sur les jachères et les communaux ne suffisaient pas à nourrir les troupeaux. Ces difficultés, plus sensibles encore en hiver, obligeaient à vendre ou à abattre une partie des bêtes à l'automne. Elles expliquent aussi que les hommes assuraient seuls l'essentiel des travaux et que les temps de croissance démographique étaient souvent des moments de régression du bétail.

Or la hausse démographique du XVIIIe siècle s'accompagne d'une « révolution » agricole et industrielle, d'une croissance économique qui permet de dégager des surplus pour nourrir plus de bêtes, et qui, dans le même temps, réclame plus de bêtes pour fortifier son développement, d'où l'explosion des cheptels et l'utilisation très diversifiée des animaux. Leurs nombreuses fonctions, connues depuis l'Antiquité – depuis le transport des voyageurs jusqu'à la fourniture de lait en passant par la garde –, sont dès lors intensifiées, portées à des niveaux inconnus jusqu'alors. D'autres, telle la traction des nouvelles machines agricoles, des chariots des mines, des camions à poubelles, sont inventées, diversifiées, développées. L'animal devient un moteur essentiel du développement économique. Il est présent partout, dans l'agriculture, dans l'industrie, dans les transports, et il est multiplié dans les champs, dans les villes et sur les routes. Il sert en outre, plus qu'avant, au divertissement ou à la compagnie, car l'enrichissement de la population, dû à l'essor économique, permet aux hommes d'avoir des animaux et d'aller voir des bêtes de spectacle. Ainsi les animaux sont-ils présents partout, au travail et dans la vie quotidienne, d'une manière inconnue avant 1780, disparue après 1950.

Les répercussions en sont infinies. D'abord sur les animaux convertis en machines à travailler, à produire ou à plaire, et métamorphosés à cette fin à force de sélections : il y a loin entre le porc du XVIIIe siècle – petit trotteur sombre, encore proche du sanglier – et celui du XXe siècle, devenu rose, obèse, essoufflé. Ensuite sur la société, qui est bouleversée par ce déferlement de bêtes. Les campagnes sont transformées en parcs d'élevage ; les villages et les villes accentuent leur physionomie rurale ; la promiscuité avec les animaux devient quotidienne ; ils envahissent l'imaginaire et la culture, d'où l'apogée, par exemple, de l'art animalier. Les usages sont aussi accentués par l'omniprésence des bêtes. Elles permettent aux individus de mieux se mettre en valeur, leur vanité allant jusqu'à se loger dans la couleur des pelages. Elles subissent plus de violence ou d'attention, calculées ou spontanées ; elles suscitent des conflits croissants sur la manière de les élever ou de les utiliser, sur la place à leur octroyer dans les rues et dans les cœurs.

Dans cette histoire, il n'y a aucune rupture avec le passé, car la connivence avec l'animal est ancienne, mais un saut quantitatif et qualitatif qui commence vers 1780, connaît son apogée vers 1900 et s'effondre vers 1950. À un bout de cette histoire, autour de 1780, des changements significatifs s'imposent, comme le transport attelé qui est transformé par un nouveau réseau routier et un premier remodelage urbain. D'autres aspects émergent, comme la volonté de réformer l'élevage, symbolisée par la création des écoles vétérinaires. À l'autre bout, après 1950, la rupture est franche et rapide. La reconstruction et les Trente Glorieuses ont lieu sans le concours des équins ni celui des bestiaux, ou en les cachant dans les élevages et les abattoirs, tandis qu'un autre cheptel, celui des animaux de compagnie, se répand dans les familles, sans autant influencer les paysages, les activités, la société.

Le propos de cet ouvrage est donc de montrer comment les animaux domestiques furent un temps plus nombreux et plus près des hommes pour être plus utilisés, comment ces animaux ont été transformés afin de répondre aux besoins humains et comment ils ont bouleversé les modes de vie.

Souligner l'originalité de cette période, c'est aller contre l'image d'une campagne éternellement pleine de bêtes. C'est dire que le monde rural, très pauvre pendant des siècles, n'avait pas toujours les moyens ou le besoin d'avoir un cheptel, et que l'industrialisation, l'urbanisation, l'essor économique ont un temps accentué le recours aux bêtes et la promiscuité avec elles. C'est aussi montrer que les villes prirent alors un visage que nous avons aujourd'hui oublié, et souligner à quel point notre époque a rompu avec ce passé. Enfin, c'est dire que la relation à l'animal n'est jamais figée et qu'elle a pris là une forme particulière, où les bêtes triomphèrent, sans l'avoir voulu et souvent à leurs dépens !

1. UN FOISONNEMENT D’ANIMAUX

L'ENRÔLEMENT D'UN PROLÉTAIRE

« Une file de voitures chargées de foin s'en venaient, traînées par des vaches accouplées deux par deux. Les bêtes lentes, le front bas, la tête inclinée par le joug, les cornes liées à la barre de bois, marchaient péniblement ; et on voyait sous leur peau soulevée remuer les os de leurs jambes. »

GUY DE MAUPASSANT, *Mont-Oriol*, 1887.

LA MOBILISATION DES BESTIAUX

Depuis l'Antiquité, le travail de la terre est la tâche principale des gros bestiaux. Cependant en 1840, on ne compte en moyenne qu'une paire de bœufs ou de chevaux pour 18 hectares. L'abondance de la main-d'œuvre, la pauvreté et l'émiettement des exploitations par la course à la propriété après la Révolution ont pour résultat qu'on laboure encore souvent à la bêche.

Il reste que le recours aux bêtes s'était accentué à partir du XVe siècle sur de grandes exploitations. Il ne cesse d'augmenter à partir de la fin du XVIIIe siècle et, après 1850, concerne aussi les petites exploitations. Cette augmentation est le fruit de l'essor économique. En France, la forte croissance démographique, notamment urbaine, stimule la production agricole, qui croît de 106 % entre 1815 et 1882. Les araires en fer, les nouvelles charrues Dombasle puis les machines à faucher, à battre, à moissonner, importées au milieu du siècle, voient leurs prix baisser et leur diffusion augmenter. Les paysans doivent s'équiper en bêtes, d'autant que l'exode rural réduit la main-d'œuvre. L'enrichissement permet aussi d'acquérir des animaux pour le prestige, pour imiter les autres, pour assouvir une soif d'indépendance au travail ou pour se libérer des dus et rendus à des voisins mieux équipés. La course aux bêtes accompagne la course à la possession de la terre.

Seuls, à deux ou plus encore, ces animaux tirent la charrue ou l'araire, la herse en bois ou en métal, traînent aux champs les tombereaux de fumier ou d'engrais, rentrent les moissons, les foins, les récoltes, battent et foulent le grain dans les cours, extraient les arbres abattus des forêts, transportent les branches, les feuilles, la tourbe pour le chauffage, évacuent les pierres des champs, la terre des rigoles… Grâce aux bêtes, le travail s'accélère, les capacités d'action s'élargissent, ce qui permet d'augmenter la superficie des cultures, et donc les récoltes, de diversifier les travaux. La multiplication des animaux de trait précipite les campagnes dans l'économie de production, d'échange, de croissance du XIXe siècle industriel.

Le bœuf prédomine dans une partie de l'ouest de la France, du Morbihan à la Garonne, et dans les régions de moyenne montagne, du Massif central à la Franche-Comté et à la Savoie. Fort, courageux, docile, il excelle aux gros travaux, devant les lourds charrois, sur les pentes

« PAGES PRÉCÉDENTES

Henri Zuber, *Les premiers sillons, Haute Alsace*, 1883.
L'attelage des bœufs, forts et dociles, incarnait ici le courage d'un monde rural qui maîtrisait la nature, nourrissait les hommes, fournissait les « soldats-laboureurs », ces fantassins d'une future revanche contre l'Allemagne.

CI-CONTRE »

Eugène Burnand, *Le fermier*.
Pour que l'attelage soit efficace, avec des bœufs liés par le joug, il fallait que s'installe une complicité entre les animaux. Dans ce cas, la mort de l'un rendait quelquefois l'autre inutilisable.

ou dans les mauvais chemins. Implanté dans le Nord-Est depuis le Moyen Âge, le cheval investit la moitié nord du pays et le Midi littoral grâce à sa rapidité, à son prestige social et à son apparence moderne. Il remplace le bœuf et devient souvent exclusif, bien que de grandes exploitations conservent les deux ou que certains propriétaires se réservent le cheval et laissent le bœuf aux métayers. Sur les terres accidentées et dans les petites fermes du haut Jura, du Massif central, des Alpes et des Pyrénées, c'est la vache, vivace, légère, adroite, qui travaille tout en fournissant le lait ou en allaitant le veau. Ailleurs, elle peut s'imposer lorsque le morcellement des terres multiplie les petites exploitations. Enfin, sur les sols légers de Touraine, sur les reliefs arides de Provence, des Alpes du Sud et des Cévennes, dominent les ânes et les mulets, souples, robustes et frugaux.

Le mouton est surtout apprécié, depuis le XVIIIe siècle, comme producteur d'un bon fumier. Cette fonction est considérable dans les zones de transhumance (du Midi vers les Alpes et le Massif central) où les propriétaires acceptent le pâturage ovin en échange de cet engrais. Elle est aussi fondamentale dans les plaines céréalières où les troupeaux sont multipliés pour paître sur les chaumes ou les jachères, afin de les fertiliser et de faciliter ainsi l'augmentation de la production, ce moteur de la « révolution » agricole.

L'ESSOR DES TRANSPORTS ATTELÉS

Productions et ventes génèrent dans les campagnes un recours multiplié au transport animal, avec des bêtes bâtées (selle à fardeau) ou attelées, depuis la carriole à un équidé jusqu'au tombereau à quatre roues tiré par trois ou quatre bêtes en passant par le « camion », un chariot de livraison. Leur usage, stimulé par la loi de 1836 qui favorise la multiplication des chemins, explose après 1850. Ainsi, les déplacements vers les marchés et les foires locales ou vers les chefs-lieux sont facilités, la distance parcourable en un jour passant de 10 à 50 km en un siècle. Toutefois, la plupart de ces bêtes sont polyvalentes, tirant charrue et chariot, car les commerçants, les artisans, les voituriers sont souvent paysans à leurs heures perdues, car les agriculteurs voyagent de plus en plus.

Sur les routes ou en ville, si la traction animale avait été concurrencée par la navigation fluviale, le cabotage et le portage humain, elle s'intensifie désormais car l'essor industriel et l'expansion urbaine multiplient les besoins, tandis que le réseau routier est développé. La vitesse des charrois est multipliée par trois entre 1800 et 1850 : il est alors possible de parcourir 40 km par jour en petite allure et 80 km en vitesse accélérée. Les capacités sont augmentées, ainsi les chariots de transport du poisson de marée de Boulogne à Paris passent de 900 kg à 4 t. Le transport animal connaît donc un fort développement, assurant la moitié du trafic des marchandises au milieu du XIXe siècle.

Cette intensification constitue une forte inflexion par rapport au passé. Le journal de Grégoire Perrin, bâtisseur de routes alpines sous le premier Empire, témoigne de l'absence de bâts ou de charrois pour transporter outils et matériaux. Les travaux de voirie étaient effectués par les milliers d'hommes de chaque chantier (3 000 à 5 000). Si le train ruine la traction animale sur les longues et moyennes distances à partir des années 1860, il la dynamise sur les routes des régions non desservies par le réseau ferré, autour des gares et dans les villes.

« PAGES PRÉCÉDENTES
Rosa Bonheur, *Labourage nivernais*, 1849. Voici l'une des œuvres célèbres de la peinture animalière, à la mode au XIXe siècle. Elle exalte la campagne, la terre, les bêtes. Cependant, ces attelages de six bœufs, en file par deux parce qu'ils travaillaient mieux que par trois, étaient encore rares et réservés aux grandes exploitations.

CI-CONTRE »
Un laboureur, vers 1870. Environ d'Argenton (Indre). Sans doute était-il d'occasion, donc mal ajusté, ce collier d'épaule qui glissait jusqu'aux oreilles du cheval broutant pendant que son maître prenait la pause. Les blessures, par frottement sur la robe du cuir ou du bois du collier, étaient fréquentes.

CI-CONTRE
Paysans du Pays basque avec attelage, vers 1910. Deux protections contre le soleil et les mouches. Un bel exemple d'attention paysanne pour les précieux attelages.

En milieu urbain, on emploie les bêtes pour des tâches de plus en plus diversifiées et spécialisées car liées à des métiers spécifiques et à des produits plus nombreux : transport d'aliments, de matériaux de construction ou de chauffage, de matières premières, de produits industriels ou artisanaux, d'articles de magasins, d'ordures, de boues des fosses ou des rues… Ainsi, le cheval est descendu dans les mines (en 1824 dans la Loire) parce qu'il vaut huit herscheurs et coûte moins cher. Bœufs et équidés sont mobilisés pour la batellerie qui profite d'un réseau de canaux initié au XVIIIe siècle et ramifié au XIXe. Les équins sont attelés à des tombereaux pour collecter les ordures, le système des poubelles ayant été institué à Lyon en 1878, à Paris en 1883.

Là encore, les bêtes privilégiées ne sont pas les mêmes partout. Le mulet, seul ou en convoi, bâté ou attelé, reste le plus fréquent dans les régions de montagne et dans le Midi. Plus fort que l'homme le plus robuste, pouvant porter une charge de 150 à 200 kg, plus endurci, plus calme et moins coûteux que le cheval, il est à l'aise sur les sentiers escarpés. Tout aussi économique mais moins solide, l'âne est commun dans les périphéries maraîchères des villes, dans les pays viticoles du Midi et sur les bords de Loire, pour les petits déplacements. Partout ailleurs, le cheval l'emporte. Plus prestigieux, plus rapide, de plus en plus puissant, mieux ferré, mieux harnaché et mieux attelé qu'avant, de plus en plus fréquent et donc moins cher, il remplace peu à peu mulets et bovins, par exemple en batellerie. Et même dans leurs régions de prédilection, ânes et mulets régressent au fur et à mesure que se développent les routes permettant le passage des charrois à

CI-CONTRE
Haleur et son attelage, Saint-Amand-Montrond (Cher), vers 1900. Le halage était une des tâches les plus pénibles pour les bêtes, car il fallait vaincre la forte résistance de l'eau sur un canal, comme ici, voire les courants contraires sur un cours naturel.

chevaux, et que la société s'enrichit. Le cheval est aussi l'animal par excellence de la ville : bon à tout faire, il supporte mieux les rythmes citadins accrus et permet de se distinguer des gens de la campagne, plus attachés à l'âne, au mulet ou au bœuf qui reviennent moins cher.

LE TEMPS DES ÉQUIPAGES

La construction du réseau routier permet aussi l'essor des voyages. D'abord freiné par le peu de chevaux dans les relais et par le mauvais état des voitures, le trafic explose dans les années 1820-1840 grâce au développement du tourisme, à l'amélioration de la traction, à la diversification des voitures qui sont à la mode depuis le XVIIe siècle, car les voyages s'effectuent de moins en moins à cheval. Il s'agit de voitures personnelles, ou louées pour des excursions, ou encore de véhicules collectifs : de la lente diligence – jusqu'à seize personnes et six chevaux – à la nouvelle et rapide malle-poste à trois passagers. Les compagnies, apparues au XVIIe siècle, sont petites et multiples, mais les Messageries générales de France, fondées en 1826, contrôlent 500 voitures et un tiers du trafic en 1840. L'amélioration des routes et des voitures divise les temps de parcours par deux ou trois en cette première moitié du XIXe siècle. Ensuite, le chemin de fer prédomine sur les longues distances, mais les transports tractés continuent de se développer sur les routes secondaires et dans les régions reculées.

Initiées au XVIIe siècle avec des carrosses, les lignes régulières se multiplient à Paris à partir de 1828, grâce à de lourds omnibus à deux ou quatre chevaux, qui sont ensuite introduits dans les grandes villes. En 1865, 664 voitures parisiennes transportent 107 millions de passagers sur 31 lignes. S'ajoutent les services de voitures diverses, des fiacres aux cabriolets, eux aussi nés deux siècles plus tôt. À Paris, les fiacres passent de 3000 à 15000 entre 1819 et 1900. Les voitures individuelles, de plus en plus légères, souples et confortables, connaissent le même essor parce qu'une bourgeoisie enrichie commence à utiliser ce mode de locomotion autrefois réservé à la noblesse et beaucoup plus prestigieux que le service collectif. Les campagnes ne sont pas en reste, car les carrioles, les charrettes et les chars portent autant les hommes que les biens. Enfin, la modernité du cheval favorise la vulgarisation des corbillards à chevaux, d'abord en ville puis dans les campagnes.

La fin du XIXe siècle connaît ainsi l'apogée de la traction hippomobile. Après une première augmentation de la circulation vers 1730 puis une seconde vers 1840, les rues de Paris sont parcourues par des cavaliers mondains aux fringants pur-sang, de multiples véhicules privés, des omnibus (15000 chevaux en 1890) et des tramways, des diligences venues de régions mal desservies par le train et plus de 100000 voitures de commerce : charrettes des

CI-DESSUS
Un omnibus place de Clichy vers 1880. À la fin du XIXe siècle ces attelages par trois furent critiqués car ils incitaient souvent un cheval malin (ou fatigué) à moins tirer que les camarades !

CI-CONTRE
Voiture publique, Paris, vers 1830. 25 centimes le trajet : un tarif réservé aux aisés, car le salaire moyen des ouvriers du textile, par exemple, était de 1,20 franc par jour. La démocratisation des transports en commun n'intervint qu'à partir des années 1880.

PAGES SUIVANTES
Une ligne régulière. Lithographie de Victor Adam, vers 1830-1840.

ENTREPRISE
GÉNÉRALE
DES OMNIBUS
de la Monnaie au Jardin du Roi 25c et retour 25c

V. Adam

Rue Notre Dame
N33
des Victoires

maraîchers ou des laitiers, camions de la poste, des déménageurs et des livreurs (150 chevaux au *Bon Marché*)... Le maintien des hauts effectifs de chevaux (autour de 3 millions), alors que le train puis l'automobile les concurrencent ou les remplacent, montre que l'utilisation locale s'accroît en ville puis à la campagne.

L'APPEL AU CHIEN, TRAVAILLEUR FIDÈLE

Dans les campagnes, les chiens furent longtemps peu nombreux, souvent limités aux grandes exploitations, en raison de la relative rareté du bétail, de la pauvreté qui empêchait de les nourrir, ou encore de la peur de la rage. La protection des bêtes était souvent le fait des hommes et leur conduite, celui des enfants. La situation change au XIXe siècle avec la raréfaction du loup, le déclin de la garde collective sur les pâtures, la multiplication et l'émiettement des propriétés, l'essor de l'élevage. Le recours au chien se répand même dans les petites exploitations grâce à l'augmentation du niveau de vie et au recul de la rage. Le chien de protection, souvent le seul utilisé jusqu'alors, s'efface au profit du chien de conduite, qui sert à faire respecter par les bestiaux les parcelles et les cultures d'autrui. Ce chien de berger connaît son apogée entre 1880 et 1950. Il est alors un auxiliaire commun dans les fermes ; il est même spécialisé : il y a le coureur sur les flancs du troupeau et le pointeur qui rabat les égarés.

En ville, du fait de l'essor de l'artisanat et de l'industrie, les chiens – qui coûtent moins cher que les employés – sont mobilisés pour toutes sortes d'emplois, anciens ou nouveaux. En coutellerie, en clouterie, en rôtisserie ou en restauration, ils servent à activer les roues des soufflets, des martinets, des meules, des broches, en obéissant aux injonctions de leurs maîtres.

Des chiens de berger aident les maquignons à conduire des troupeaux plus nombreux jusqu'aux gares ou aux abattoirs. Des ratiers sont introduits dans les égouts, dans les péniches à grain et dans les écuries des sociétés de transport.

À la ville comme à la campagne, surtout après 1850 et notamment dans la partie nord et plane du pays, des chiens sont de plus en plus souvent attelés à des charrettes. Ils permettent à leurs propriétaires d'économiser un employé, un cheval, un mulet, trop coûteux et peu rentables

CI-DESSUS
Berger des environs de Valenciennes. Aquarelle, vers 1817.

CI-CONTRE
Chien traînant une voiture de lait. Paris, 1941. Avec les rationnements d'essence, la guerre relança en ville les attelages canins dont voici l'un des derniers témoignages.

MELK

sur les courtes distances. Ces chiens transportent les produits des maraîchers, des artisans et des commerçants, accompagnent les enfants à l'école, servent au transport des personnes âgées ou des clients (taxis de gare en Sologne), le tout sur des véhicules de fortune, voire vendus par Peugeot à la fin du XIXe siècle. À cette époque, certains attellent plutôt des chèvres, moins compromettantes que les chiens dont le sort commence à heurter l'opinion bourgeoise mais dont l'usage perdure jusqu'en 1939.

DES CHEVAUX AUX CHIENS : TOUS AU FRONT !

Lors des batailles, Napoléon multiplie les charges de cavalerie pour rompre l'adversaire ; à cette fin il restaure la cavalerie lourde qui avait été disqualifiée par les armes à feu au XVIe siècle, et il augmente le nombre des canons. Il accroît ainsi les besoins en chevaux. Cette tactique est maintenue en 1870 et en 1914 où la France compte 81 régiments de cavalerie et 60 000 cavaliers. Même si les montures s'épuisent alors en de longues marches ou en quelques charges suicidaires face aux mitrailleuses, la cavalerie perdure jusqu'en 1940. Les chevaux sont aussi légion dans l'artillerie ou pour le ravitaillement, et leur réquisition est un souci constant de l'intendance militaire. Elle provoque la grogne des propriétaires qui voient partir leurs hommes et leurs bêtes.

Les besoins sont alors tels que les mulets, d'abord enrôlés officieusement pour leur sobriété et leur robustesse dans les conquêtes d'Afrique et d'Indochine, le sont officiellement en 1888, lors de la création des Chasseurs alpins, pour porter en montagne l'artillerie, le ravitaillement et les blessés. Cet usage est maintenu jusqu'aux campagnes de Tunisie et d'Italie en 1942-1944. L'hiver, les Chasseurs alpins remplacent les mulets par des chiens attelés à des traîneaux. En 1914-1918, les chiens sont utilisés pour secourir les blessés, emporter les messages, dérouler les lignes téléphoniques, tracter les mitrailleuses, guider les hommes revenus du front, devenus aveugles au combat. Certains ont même été cités ou décorés, comme des pigeons voyageurs utilisés quand le téléphone ne fonctionnait plus.

(Dessin de Préjelan.)
LE BON CHIEN DE FRANCE TOUJOURS LE PREMIER

CI-DESSUS
Illustration de Prélejean pour *La Baïonnette*, juin 1917.

CI-CONTRE
Embarquement d'un régiment d'artillerie le 14 juin 1916. Les chevaux d'artillerie et de ravitaillement payèrent, eux aussi, un lourd tribut. Combien de ceux-là survécurent ?

CI-CONTRE
Eugène Chaperon, *Épisode de la bataille de la Marne*, 1915. L'été 1914 fut l'époque des charges de cavalerie et des manœuvres d'artillerie, où les chevaux furent, comme les hommes, fauchés par les balles des fusils et des mitrailleuses. Avec la stabilisation du front, à l'automne, ce furent les obus, puis les gaz à partir de 1915, qui décimèrent les effectifs équins.

❮ CI-CONTRE
La pause du casse-croûte (dit « briquet ») au côté d'un cheval de mine. Courrières, vers 1906. Les voûtes s'affaissaient régulièrement, occasionnant des blessures en haut de la tête des chevaux, qui travaillaient dans l'obscurité. On essayait de limiter les dommages en installant une protection en cuir entre les oreilles.

DES BÊTES SACRIFIÉES

Ces animaux jetés dans les guerres paient un lourd tribut : les chevaux morts jonchent les champs de bataille de Napoléon, puis les lieux de débâcle en 1870 et les fronts de 1914-1918. Cette guerre, qu'on dit de fantassins, engloutit 700 000 chevaux, soit un animal tué pour deux hommes tombés et un quart du cheptel équin d'avant-guerre. Ailleurs, les conditions sont rudes également. Dans les mines, les chevaux vivent dans la nuit, le bruit et la poussière, s'épuisent à tirer les chariots, s'écorchent aux roches, encaissent les coups des hommes payés à la tâche, qui reportent sur les bêtes les exigences et la brutalité des maîtres. À Saint-Étienne, au début du XXe siècle, les compagnies en difficulté soignent ou nourrissent peu les chevaux et les font travailler, de jour comme de nuit, « soixante journées par mois ».

En ville, le pavage moderne use les sabots des chevaux, obligés d'aller au trot, disloque les genoux et les hanches, tandis que les ralentis et les intersections épuisent les épaules. L'augmentation du trafic des voyageurs, à vitesse constante pour respecter les horaires, aggrave les conditions. Par exemple, en 1869, à Paris, des chevaux doivent tirer au trot des omnibus de 1,7 tonne, transportant 28 personnes, sur un trajet moyen de 16,5 km, à couvrir en 4 heures. Si les grandes compagnies soignent mieux leurs bêtes ou réduisent leurs tâches à partir des années 1850 afin de ménager cet investissement vivant, les petites entreprises ou celles en déficit les exploitent au maximum. Partout l'usure est rapide pour des bêtes souvent embauchées à cinq ans : dix ans dans les mines, cinq dans les transports, trois en batellerie, alors que la durée moyenne de vie d'un cheval est de vingt-cinq à trente ans. L'animal est traité comme un sous-prolétaire sur lequel est construit l'essor économique. Les travaux des champs sont moins durs, et nombre de réformés de l'industrie ou des transports font une seconde carrière dans l'agriculture, mais les anatomies sont bien transformées. Les bovins prennent ainsi un robuste squelette et une forte musculature.

CI-CONTRE ❯
Anonyme, *Cheval mort de fatigue dans les rues de Paris, sous la neige*, début du XXe siècle.
Le surmenage des chevaux au travail pouvait prendre une forme aiguë extrême, où l'animal s'écroulait foudroyé d'une attaque au cœur. À l'époque, à Paris, un service spécial prenait en charge les cadavres pour les emmener à l'équarrissage. C'était sans doute ce que le cocher et le public attendaient.

TAXIMETR

LA RÉQUISITION D'UN FOURNISSEUR

« Il y avait en outre dans le jardin une étable qui était l'ancienne cuisine de l'hospice et où l'évêque entretenait deux vaches. Quelle que fût la quantité de lait qu'elles lui donnassent, il en envoyait invariablement tous les matins la moitié aux malades de l'hôpital. »

VICTOR HUGO, *Les Misérables*, 1862.

LAIT ET VIANDE SE DÉMOCRATISENT

Le lait animal a longtemps été rare, limité à une consommation familiale à la campagne et considéré en ville comme un riche ingrédient de cuisine ou un médicament pour nourrissons, vieillards et malades. Il ne devient un aliment courant qu'à partir de l'engouement pour le café puis pour le thé au XVIIIe siècle, mais il reste une denrée de luxe jusqu'à la Restauration car il ne peut être consommé que frais. Cette consommation augmente ensuite, surtout en ville. Les Parisiens, qui buvaient un verre de lait par personne et par jour en 1845, en prennent deux en 1903. L'amélioration du niveau de vie, la vulgarisation du beurre, des fromages, des pâtisseries augmentent la demande de lait de vache. Les laits d'ânesse et de chèvre restent cantonnés au rôle de fortifiant ou d'appoint familial, puis tombent en désuétude au milieu du XXe siècle. De son côté, la consommation de viande explose, alors qu'elle avait baissé entre le XVIe et le XVIIIe siècle : d'environ 19 kg par habitant et par an au début de la Révolution française, elle passe à 26 kg cinquante ans plus tard, à 44 kg à la fin du XIXe siècle et à 70 kg au milieu du XXe siècle. Cet essor se traduit par une forte demande de bovins en ville, de porcs à la campagne, la volaille étant requise partout.

Les demandes de lait et de viande incitent à multiplier les troupeaux. Ainsi, en 1904, la consommation parisienne de lait requiert un cheptel de 110 000 vaches. Une importance grandissante est donnée à la production au détriment du travail, ce processus étant fortifié par la hausse des prix. Grâce à elle, les paysans sont de plus en plus attirés par l'élevage, production moins soumise aux crises que les récoltes. L'élevage prend donc une part croissante dans la production et connaît les plus grandes modifications du secteur primaire.

L'une de ces modifications concerne l'essor de l'élevage bovin et sa spécialisation entre production de lait ou de viande. Esquissé entre la fin du Moyen Âge et le XVIIIe siècle pour la viande, le beurre et le fromage, plus transportables que le lait, le processus s'accélère ensuite. Au niveau régional, il s'effectue grâce à un climat et un sol favorables, et souvent par imitation du voisinage. Le paysan charolais transforme ainsi ses labours en prairies, tandis que ses bovins de trait deviennent des bêtes de boucherie pour nourrir les Lyonnais. L'élevage pour la viande se développe en des régions dispersées, même éloignées des villes, qui profitent du développement des routes (les bêtes allant à pattes !) puis du chemin de fer.

CI-CONTRE
Publicité pour les biberons du Dr Rougeot, 1886.

BIBERON NORMAL DU Dr. ROUGEOT
BIBERON GRADUÉ
à Crêmomètre et à Thermomètre
BREVETÉ S.G.D.G.
EN FRANCE ET A L'ÉTRANGER.
LE SEUL CAPABLE DE FAIRE DE L'ALLAITEMENT ARTIFICIEL UN ÉQUIVALENT DE L'ALLAITEMENT MATERNEL.
MÉDAILLE D'OR
PARIS-1886.
CHAUFFE-BIBERON DU DOCTEUR ROUGEOT BREVETÉ S.G.D.G. PARIS
NIVEAU → ← DE L'EAU
CRÊMOMÈTRE
GRAMMES
BIBERON NORMAL
DOCTEUR ROUGEOT PERMET:
R SA GRADUATION CRÊMOMÉTRIQUE
DE VÉRIFIER LA QUALITÉ DU LAIT
2°. PAR SA DOUBLE DIVISION EN GRAMMES
DE DOSER EXACTEMENT LA QUALITÉ & LA FORCE DU LAIT
A DONNER AU NOURRISSON SUIVANT SON ÂGE
3°. PAR SON THERMOMÈTRE
& SON CHAUFFE-BIBERON AU BAIN-MARIE
D'OBTENIR FACILEMENT POUR LE LAIT LA
TEMPÉRATURE NÉCESSAIRE.

KLOCK (Clichy)
24 3

À l'inverse, l'exigence d'un lait frais et sain incite des « laitiers-nourrisseurs » à installer dans les grandes villes des étables à vaches laitières, très nombreuses à la fin du XIXe siècle. Mais l'insuffisance des quantités produites, le développement des transports puis des méthodes de conservation du lait permettent aux « laitiers-cultivateurs » de se multiplier dans les banlieues et aux éleveurs des campagnes de se convertir à la production laitière. En Franche-Comté, cette spécialisation commence vers 1820-1830 (augmentation du nombre de vaches), s'emballe après 1850 (on confine les bovins à la production et on les remplace, à la traction, par des chevaux de trait) pour s'achever vers 1918.

Cette adhésion des campagnes à l'élevage pour le lait et la viande se généralise à partir de la fin du XIXe siècle. Elle se traduit par l'augmentation des troupeaux et des rendements : la production de lait passe de 7 milliards de litres en 1882 à 14,4 milliards en 1937.

Une autre mutation des campagnes est due au redéploiement de l'élevage du porc. Redynamisé entre 1760 et 1840 à partir de régions comme le Limousin ou les Vosges, il devient commun grâce aux pommes de terre, au maïs, aux sous-produits laitiers, qui permettent de les nourrir à la ferme et donc de remplacer les produits des forêts et des pâtures en déclin. Le nombre de porcs passe de 4 millions à la fin du XVIIIe siècle à 7 millions en 1900. Ces porcs fournissent l'essentiel de l'alimentation carnée dans le monde rural et les surplus sont expédiés en ville.

Le troisième bouleversement est l'explosion des effectifs des petits animaux. Après 1850, ils sont présents dans toutes les maisons rurales (pas seulement dans les fermes) et représentent un apport croissant en viande ou en revenu. Cela concerne en priorité les poules dont le nombre passe de 47 millions en 1882 à 69 millions en 1929, alors que la population rurale diminue et que le nombre d'exploitations s'effondre. Il en est de même des lapins qui, dans la seconde moitié du XIXe siècle, sont de plus en plus souvent élevés dans des clapiers au lieu des anciennes garennes. Entre 1880 et 1950, les chèvres sont également présentes partout et permettent aux petits exploitants, aux journaliers, aux artisans et aux commerçants d'accéder à l'élevage, de consommer lait et viande, ou de les vendre au marché.

« PAGES PRÉCÉDENTES

Page de gauche : Carriole à lait d'une laiterie de Clichy, première moitié du XXe siècle. En tournée à Paris pour fournir les crémeries.

Page de droite : Un vendeur de fromage de chèvre, années 1930-1940. Du fait de leur taille, les chèvres furent souvent le dernier cheptel à pouvoir s'introduire dans des villes de plus en plus assaillies par la circulation automobile.

« CI-CONTRE

Étiquette de camembert au lait cru fabriqué en Normandie, vers 1980. Comment l'évocation d'un passé vécu par une bonne partie de la population, et notamment d'un mode d'élevage et de traite devenu image d'Épinal, permet de suggérer le caractère traditionnel, vrai, naturel d'un produit.

CI-CONTRE »

Julien Dupré, *La laitière*, seconde moitié du XIXe siècle. Une époque où vaches et lait devinrent indissociables dans l'imaginaire collectif.

PAGE 38 »

Une mère et sa fille en manteau de fourrure sous la neige, carte postale de 1920.

ULIEN DUPRE

ENCORE PLUS DE LAINE, DE FOURRURE ET DE CUIR

La hausse de la population et la première révolution industrielle, fondée sur le textile, font produire plus de laine et donc augmenter les troupeaux de moutons dont la tonte est facilitée par de nouveaux outils comme les ciseaux puis les tondeuses. Le cheptel culmine ainsi à 33 millions de têtes en 1852. Mais l'importation de laine étrangère et l'emploi d'engrais à la place du fumier provoquent une baisse des effectifs, bien qu'en 1914 ils soient encore supérieurs à ceux du XVIIIe siècle.

La fourrure, délaissée aux siècles précédents au profit de la soie, revient à la mode au début du XIXe siècle dans les milieux aisés, sans doute parce que la révolution industrielle rend les tissus plus communs. L'armée, qui multiplie les campagnes d'hiver sous la Révolution et l'Empire, ainsi que ceux qui voyagent dans des voitures et des trains mal isolés du froid adoptent bonnets, chapeaux, manteaux et couverture en fourrure. La mode, autant masculine que féminine, l'augmentation de la population et du niveau de vie, la baisse des prix renforcent la demande.

À partir de la fin du XIXe siècle, les fourrures proviennent de plus en plus d'une mise en élevage d'espèces sauvages (le renard est très en vogue dans l'entre-deux-guerres) et d'un usage massif de la teinture, qui permet d'imiter une peau sauvage à partir de n'importe quelle peau domestique. Ainsi une place de choix est redonnée à des fourrures méprisées comme celles du mouton, de la chèvre (mais son poil long et dur la cantonne aux tapis et couvertures) et surtout du lapin dont les effectifs passent de 13 millions en 1882 à 31 en 1929. La même demande suscite l'usage croissant des poils pour les feutres et les gants, et surtout donne un formidable essor à l'industrie du cuir. Ainsi, à Paris, le nombre de peaux traitées passe de près de 700 000 en 1847 à plus de 1,3 million en 1860.

CI-CONTRE ›
Machines lisseuses de mégisserie en 1925, qui servaient à préparer les peaux, généralement pour la ganterie.

DES DÉPOUILLES À RECYCLER

La consommation croissante de viande provoque l'essor d'une industrie de produits dérivés, car le recyclage des déchets est de règle jusqu'aux années 1930. Là encore, ce travail est ancien mais il connaît un saut d'échelle à partir des années 1770. En effet, la révolution industrielle utilise beaucoup de matières organiques pour une production en pleine expansion. On assiste au développement des fabriques de colle (tendons, os), de savons (suif, os), de bougies et de chandelles (suif), d'huile (graisse), de colorant « bleu de Prusse » (sang, poils, os calcinés, potasse), d'acide phosphorique pour les allumettes et de sels ammoniacaux (os), de « charbon animal » (os calcinés) pour le raffinage de la betterave à sucre, d'engrais (os pulvérisés ou calcinés, ou encore traités à l'acide sulfurique pour les superphosphates après 1870), de parfums (graisse, huile, muscles et organes)... Les artisans profitent eux aussi de l'importance de la demande et de l'abondance des matières premières. Ils travaillent la corne (peigniers, lunetiers...), les crins et la bourre (bourreliers, boutonniers, tapissiers, cordiers...), les os (couteliers, bimbelotiers...). Cette utilisation des matières animales atteint son apogée dans les années 1880.

CI-CONTRE »
« Les moutons », illustration parue dans *Les récréations instructives* de Jules Delbrück, 1860-1863. Le cheptel ovin était le plus abondant dans la première moitié du XIXe siècle. Plus importante que la viande, la laine était à la base de quantité de métiers.

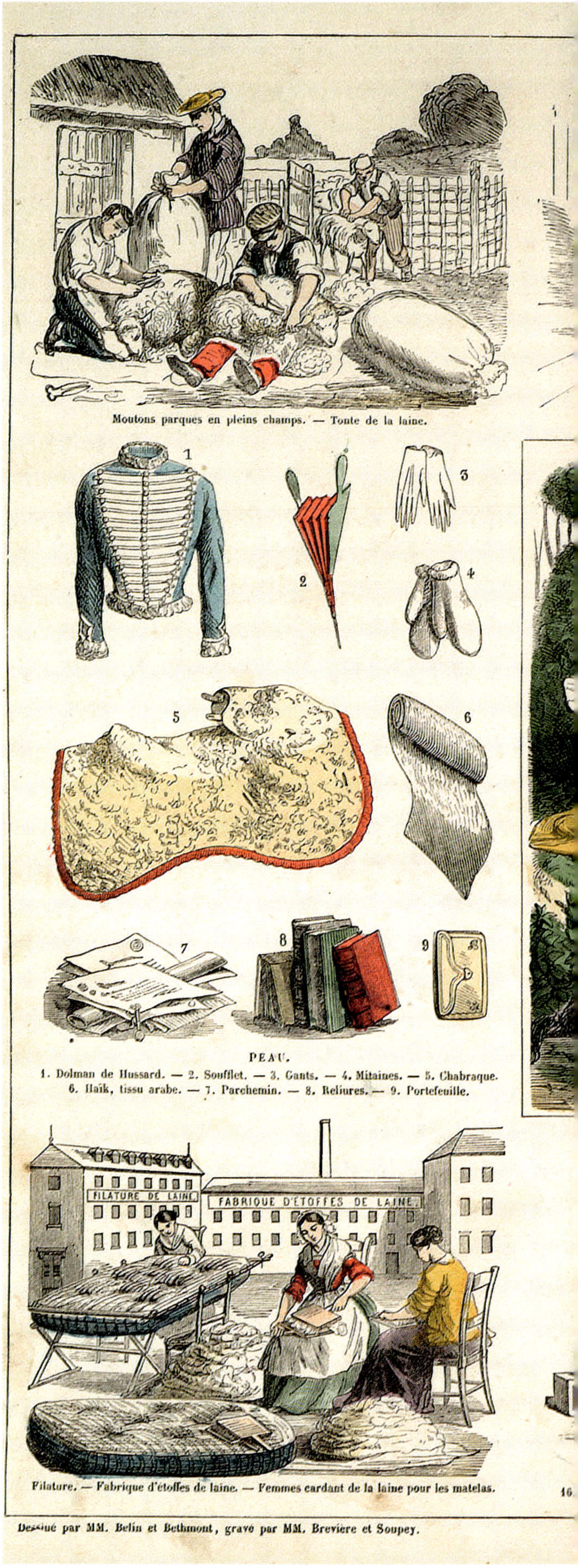

LES MOUTONS.

Pâque des Israëlites. — Agneau pascal.

Laiterie : Jeunes filles occupées à battre le beurre et à fabriquer des fromages.

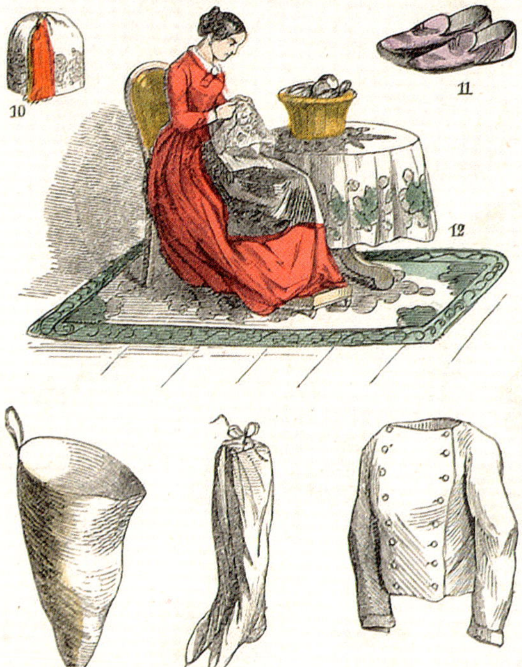

10 11 12

13 14 15

LAINE.

10. Bonnet de drap. — 11. Pantoufles. — 12. Jeune fille faisant de la tapisserie. Dessus de table, tabouret et tapis en laine. — 13. Filtre. — 14. Bas de laine. — 15. Gilet de flanelle.

BREBIS AU PATURAGE.

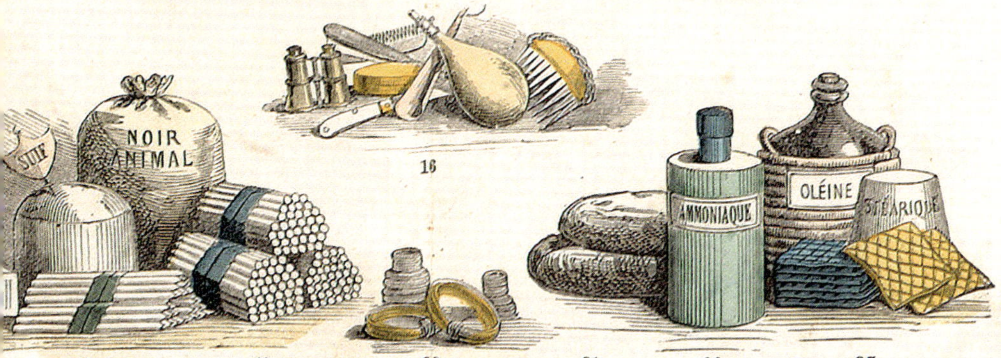

16

18 19 20 21 22 23

PRODUITS DIVERS.

— 17. Savons. — 18. Chandelles. — 19. Bougies. — 20. Cordes d'instruments. — 21. Pains de cretons pour les chiens. — Ammoniaque. — Oléine et stéarine.

Magasin d'étoffes de laine, Drap, Mérinos, Châles, Cachemires français, Couvertures, etc

1. — 5.

Paris. — Typ Toltner et Cie. 3 rue de Madame

UNE MOBILISATION POUR DIVERTIR

« [...] la ménagerie Mitaine [...] venait de s'installer sur la place du Château avec un tas de boas, de phoques, de crocodiles et un magnifique lion de l'Atlas. Un lion de l'Atlas à Tarascon ! Jamais, de mémoire d'homme, pareille chose ne s'était vue. »

ALPHONSE DAUDET, *Tartarin de Tarascon*, 1872.

L'ESSOR DES MÉNAGERIES EXOTIQUES

Connue dès l'Antiquité mais restée longtemps rare, l'exposition des animaux sauvages, notamment des bêtes exotiques, s'était développée à partir du XVIe siècle et des grandes découvertes. Certains châteaux possédaient des ménageries, tandis que des montreurs organisaient des exhibitions itinérantes. La vulgarisation s'est accélérée dans la seconde moitié du XVIIIe siècle avec l'apparition de ménageries ambulantes. Elles remplacent les montreurs de l'Ancien Régime, interdits dans les villes à partir de 1793 pour des raisons de sécurité et peu à peu réduits à présenter de simples ours dans les campagnes. Ces ménageries atteignent leur apogée entre 1870 et 1914, à l'époque des grandes fêtes foraines. Elles exhibent souvent cinq à dix bêtes – quelquefois plus – dans un véritable fatras. Les fauves sont présentés dans des voitures à barreaux, les reptiles dans des caisses en bois ; les singes et les oiseaux sont accrochés à des poteaux ; les éléphants ou les girafes sont attachés aux roues. Sillonnant le pays et entrant dans les villes par de bruyants défilés, tout en pratiquant des tarifs modiques, ces ménageries jouent un rôle majeur dans la connaissance des animaux exotiques. C'est ainsi que l'écrivain Jules Vallès – pour ne citer que lui – découvre, enfant, le chameau et l'éléphant au Puy-en-Velay en 1839. Les ménageries procurent en outre aux individus l'illusion de voyager, et créent une certaine proximité avec des animaux au statut particulier, qui ne sont plus tout à fait sauvages et se rapprochent des domestiqués.

Les cirques jouent une fonction semblable. Constitués à la fin du XVIIIe siècle autour de spectacles équestres et acrobatiques, ils se mettent

CI-DESSUS
Montreur d'ours dans les Pyrénées, vers 1900.
La fixation et le port de la muselière étaient un supplice pour ces animaux.

CI-CONTRE
« La foule curieuse se bouscule pour voir une girafe derrière une grille », lithographie de 1829. Il s'agit de la girafe offerte à Charles X en 1827.

CI-CONTRE
Éléphant d'Asie au Jardin d'acclimatation. Paris, 1906. L'éléphant d'Asie devint vite l'une des espèces les plus attractives dans les zoos. Sociable et solliciteur, il semblait justifier la croyance répandue en une nécessaire domestication de la faune, qui devait se soumettre ou disparaître. Certains éléphants devinrent de véritables mascottes nationales, comme *Jumbo* en Angleterre.

CI-CONTRE
Une promenade au jardin d'acclimatation, livret de 1882. Ces guides de visite eurent un grand succès jusqu'à l'entre-deux-guerres. Ils mêlaient descriptions anatomiques et anecdotes, mais évoquaient peu la vie des bêtes dans la nature, qu'on ne connaissait guère !

vite à présenter des bêtes sauvages, développent des numéros de dressage et réinventent des scènes de domptage à partir de 1820. Le domptage oblige les fauves à obéir pour composer des attitudes, des tableaux, voire des pantomimes. À l'heure de la colonisation, dressage et domptage prétendent asservir l'animal, mais ils transforment aussi les bêtes en singes de l'homme ou en clowns, qu'on applaudit pour leurs mimiques humaines. Le cirque, fixe ou itinérant, connaît un succès considérable à son apogée entre 1870 et 1940. Ménageries et jardins zoologiques adoptent alors les mêmes méthodes.

Les jardins zoologiques remplacent les ménageries des châteaux de l'Ancien Régime. Constitués de bâtiments et d'enclos dispersés en des jardins à l'anglaise, ils sont ouverts aux périphéries des grandes villes : à Paris en 1793, à Lyon en 1858... Pour le prestige d'une cité, le jardin zoologique devient aussi indispensable qu'un lycée, un théâtre, un musée. Ces jardins affichent une volonté de collection et de classification de la faune. Ils multiplient les espèces, traquent celles qui leur font encore défaut, tout en développant des attractions comme le déjeuner ou le domptage des fauves, les promenades à dos d'éléphant ou de chameau. Ils attirent des foules énormes, surtout lorsque arrive une bête inconnue, sujet d'observation, de dessins, d'écrits, voire de chants et de danses. En 1827 et 1828, 600 000 personnes défilent au Jardin des Plantes de Paris pour admirer la girafe offerte par le pacha d'Égypte. Elle est représentée sur des almanachs, des calendriers, des gravures et de la vaisselle vendus dans tout le pays. Les zoos répondent ainsi à la curiosité des visiteurs, à leur désir d'exotisme, et permettent de se familiariser avec cette gent animale.

DU CHIEN AU COQ : LE GOÛT DES COMBATS

Un besoin de triompher de la bête, de s'en servir pour son plaisir, d'exprimer la brutalité et de contempler la douleur explique l'ancienneté et la multiplicité des combats d'animaux. Ils se déroulent dans les lieux publics, lors des fêtes – moments où les contraintes sociales sont abandonnées et les pulsions libérées –, et déclenchent la participation spontanée du groupe, qu'il s'agisse d'un village, d'une rue, d'un milieu. On trouve ainsi les lâchés du lièvre, pourchassé et torturé, et les jeux du coq ou de l'oie, à moitié enterrés ou attachés par les pattes à une corde, le cou tranché au sabre, à la

CI-CONTRE
Rémy Cogghe, *Combat de coqs*, 1889. Par sélection et isolement, les *coqueleux* (organisateurs-éleveurs) créèrent peu à peu un coq long, mince, robuste, agressif, qu'on voulait différent du cousin méprisé de basse-cour et d'apparence sauvage pour légitimer par la nature un combat d'origine humaine.

◄ CI-CONTRE
« Combat entre le lion Wallace et les chiens Tinker et Ball », illustration de Théodore Lane, 1825. L'Angleterre était le pays où les combats d'animaux connurent le plus grand succès du XVIe siècle à la première moitié du XIXe siècle, avant d'être interdits sous la pression de la SPA créée en 1824, la première en Europe.

faux, ou arraché à la main par des garçons courant à pied ou montés à cheval, les yeux ouverts ou bandés. L'opposition croissante des élites et l'adoucissement progressif des mœurs entraînent leur déclin dans la seconde moitié du XIXe siècle, puis leur abandon au début du siècle suivant. Des utilisations plus pacifistes les remplacent, comme les concours et les courses de pigeons, qui se développent auprès des mineurs du Nord et de la région de Saint-Étienne.

Cependant, des combats organisés pour une foule qui paie et devient spectatrice se multiplient. Autrefois produits en place publique, ils sont désormais refoulés dans des espaces clos, ce qui semble moralement plus tolérable. Ces combats présentent des chiens face à des taureaux, des ours, des loups, des sangliers, mais aussi des luttes entre chiens, qui étaient rares auparavant. Ils sont organisés en ville par des forains ou des bouchers dans de petites arènes privées. Officiellement interdits en 1833, ils persistent jusqu'au milieu du XIXe siècle pour les premiers et jusqu'en 1914 pour les seconds, plus discrets, attirant un petit peuple qui recherche l'insolite et la violence.

Venus d'Angleterre, des combats de chiens terriers et de rats – mieux tolérés car ces derniers ont mauvaise réputation – sont transformés en attraction par des cafetiers dans la seconde moitié du XIXe siècle. Le jeu est prisé des poilus dans les tranchées et des concours officiels du meilleur ratier sont organisés après 1918. Des combats de coqs, importés de Belgique et d'Angleterre, sont aussi initiés un peu partout en France au XIXe siècle. Si la plupart des tentatives échouent face à l'indifférence du public, elles réussissent toutefois dans le Nord où se trouvent une population belge immigrée et un monde ouvrier proche des campagnes, habitué à élever ces bêtes. Les combats de coqs s'y multiplient et passent peu à peu de la semi-clandestinité à l'officialisation en 1963.

CI-CONTRE ►
« Chasse aux rats à la taverne de l'Ancre Bleue à Bunhill Row, Finsbury, Angleterre », illustration de 1850. Le chien terrier Tiny, qui appartenait à l'aubergiste, devait tuer deux cents rats en une heure. Tiny avait déjà atteint ce nombre par deux fois en 1848 et 1849. Sa célébrité attirait curieux et voyeurs, qui consommaient à l'auberge… pour le plus grand profit du maître.

L'INTRODUCTION DE LA CORRIDA

La tauromachie populaire, constituée de violences sur des taureaux lors des fêtes, était répandue dans tout le pays. Elle est abandonnée entre le XVIIIe siècle et la première moitié du XIXe sous la pression du pouvoir – qui craint à cette occasion des manifestations politiques – et des élites, animées d'une répulsion croissante envers les sévices infligés aux animaux. Seules la Provence et les Landes, dont le régionalisme affirmé oblige l'État à transiger, persistent tout en transformant les pratiques. Les combats sont refoulés dans des lieux clos (places aménagées, arènes restaurées ou nouvelles) où la population peut assister et participer. La violence y est cependant réduite, surtout après la loi Grammont (1850) interdisant les sévices publics sur les animaux domestiques. Ces jeux restent nombreux comme la course provençale à la cocarde, qui s'est répandue à partir de la Révolution et qui consiste à arracher cette cocarde du front d'un taureau.

Introduite à Bayonne en 1853, la corrida est accueillie avec curiosité par une génération romantique fascinée par le pittoresque, la violence et la mort. Cet accueil encourage les imprésarios ibériques à proposer des corridas dans toute la France, des années 1850 à 1940, en profitant de la mode des spectacles forains. Rares sont alors les villes qui ne voient pas une ou plusieurs corridas, à l'instar des cirques et des ménageries. Cependant, la lassitude des curieux, l'indifférence des Méridionaux, plus attachés à leur propre course, et l'hostilité des élites au nom de la morale obligent à organiser les corridas à la sauvette et à proposer des courses tronquées, ou burlesques, ou hispano-landaises ou hispano-provencales pour faire couleur locale, qui évitent les piques et l'estocade afin de satisfaire la loi de 1850.

CI-CONTRE ›
Affiche publicitaire pour des corridas à Malo-les-Bains, près de Dunkerque, fin du XIXe siècle. Un exemple de ces corridas organisées partout en France jusqu'à l'entre-deux-guerres. L'affiche exalte une corrida intégrale alors qu'elles étaient souvent incomplètes. Elle exprime un souhait plus qu'une réalité.

PLAZA DE TOROS
ARÈNES
de
Malo-les-Bains
IMP. Y LIT. J. ORTEGA-VALENCIA
A.D.

Toutefois, de vraies corridas sont de plus en plus souvent offertes et revendiquées dans le Sud-Ouest et le Midi à partir des années 1890. Des *aficionados*, peu nombreux mais militants, intègrent la corrida aux jeux locaux et la défendent au nom de la culture et des libertés locales. Ils sont aidés par l'augmentation des migrants arrivés d'Espagne et par les hésitations des politiques qui balancent entre fermeté et laxisme. Cela aboutit à la multiplication des combats et des arènes puis à la tolérance légale de 1951 dans des lieux où la « tradition » aurait été ininterrompue.

LA FOLIE DE L'ÉQUITATION

Longtemps réservée à l'aristocratie, comme symbole de domination et de pouvoir, l'équitation prend un nouveau visage à la fin du XVIIIe siècle. Elle s'ouvre à la bourgeoisie, grâce à la création d'un « manège bourgeois » à Paris en 1778 puis à la fondation de manèges publics après 1815. Elle devient ainsi une pratique distinctive des élites du XIXe siècle, où fusionnent la haute bourgeoisie et l'aristocratie. Si sa pratique est encore irrégulière dans les premières décennies, car de vieilles familles nobles, désargentées par la Révolution, ont des écuries vides, elle connaît son apogée du second Empire à 1914. L'équitation doit désormais montrer les qualités du cavalier et de son groupe social : élégance, endurance, maîtrise de soi et d'un cheval plus libre qu'auparavant. En effet, les nobles revenus d'Angleterre à la Restauration importent une équitation jugée plus naturelle, peu à peu adoptée par tous. Le cheval doit être un pur-sang et l'intérêt se porte sur l'extérieur, l'obstacle, la promenade en trot enlevé, le galop en suspension haute à partir de 1900... Le manège ne sert plus qu'à l'apprentissage ; ce qui compte, c'est la promenade le long des avenues arborées et des allées des parcs urbains, autour des châteaux ou des résidences d'été.

L'équitation s'accompagne d'un engouement pour les courses, formalisées en Angleterre aux XVIIe-XVIIIe siècles mais dédaignées en France à cette époque. La première course privée de pur-sang est organisée en 1766 par de jeunes aristocrates que le mode de vie de la *gentry* séduit, et la première course publique a lieu à Paris en 1775. Louis XVI et la cour sont d'abord hostiles à cette pratique, jugée absurde par sa rapidité, par le régime imposé au cheval, par l'attitude du jockey qui ne soumet plus l'animal en restant assis bien droit mais qui se soumet à lui en se penchant en avant afin de libérer le galop. Cependant, dès cette époque, et surtout à partir de l'Empire, lorsque les charges de cavalerie montrent la supériorité du pur-sang, l'État organise ou soutient des courses pour favoriser l'élevage de ces chevaux. À partir des années 1820, les émigrés anglomanes puis l'élite parisienne créent une vie mondaine rythmée par les courses, les journaux et les clubs hippiques (Jockey-Club, 1833). Des courses privées, à paris et dotations, se développent dès 1827. Les hippodromes se multiplient, notamment à Paris (Longchamp, 1857) ou près des nouvelles stations balnéaires. Le second Empire voit la multiplication, la médiatisation et la privatisation des courses. Les paris sont institutionnalisés dans les hippodromes en 1887 puis unifiés en 1930 par la création du Pari mutuel urbain (PMU), qui ouvre des guichets hors des champs de course. Le jeu prend alors le pas sur le sport au moment où les élites se détournent de l'équitation au profit de l'automobile et laissent la place à une moyenne bourgeoisie qui se passionne pour les paris tandis que de nouveaux riches rachètent des écuries pour se procurer une légitimité auprès de la société.

CI-CONTRE
« Exercice de Franconi n° 2 », estampe du premier tiers du XIXe siècle. Le cirque Franconi était le plus célèbre à l'époque de la Restauration, notamment pour ses numéros équestres.

C. Vernet del. P.L. Debucourt sculp.

Exercice de Franconi.

N° 7

Se vend à Paris chez Guerin, rue des Francs-Bourgeois, N.° 14, au Marais. *Et chez Restat, au Magasin d'Estampes, Boulevart du Jardin de Frascati.*

CI-CONTRE
Jeune femme en amazone dans un paysage de printemps, XIXe siècle.

Adrien Marie
1886

CI-CONTRE
Adrien Emmanuel Marie, *Une course de chevaux*, 1886. Les courses étaient encore le domaine exclusif de l'élégance mondaine. La distinction concernait aussi bien les chevaux pur-sang que les cavaliers.

À PLUME OU À POIL ? L'ESSOR DU COMPAGNON

L'animal de compagnie est choisi pour partager la vie de son maître, avec pour fonction essentielle de l'occuper et de lui plaire. Il est connu au moins dès l'Antiquité gauloise et romaine, mais son importance fluctue au cours des époques. Il devient plus présent à partir du XVIIIe siècle et surtout au XIXe, en ville mais aussi dans les villages, près des commerçants ou des artisans, alors que les paysans l'ignorent, associant encore les bêtes aux tâches à accomplir. Cette nouvelle place est due à l'enrichissement de la population qui peut désormais acheter, nourrir et renouveler ce genre d'animal.

Dans l'aristocratie et la bourgeoisie du XVIIIe siècle, la mode était aux perroquets et aux singes. Ils laissent peu à peu la place – même si des artistes excentriques continuent d'en posséder – aux oiseaux installés dans les volières des parcs des résidences d'été, à côté de plantes de serre ou d'orangerie. Dans tous les milieux, mais surtout dans la petite bourgeoisie et chez les petites gens des villes, les oiseaux en cage, souvent exotiques, facilement nourris d'insectes et de déchets, sont de plus en plus prisés pour leurs chants et leurs plumages.

Les chiens sont aussi plus nombreux auprès des ouvriers, des employés, des artisans, des commerçants, voire des soldats. Mais ces maîtres associent souvent au plaisir de leur compagnie une fonction utilitaire de gardien ou de chasseur. D'autre part ces animaux naviguent souvent d'un maître à l'autre et divaguent en bandes quelquefois agressives. Une liaison plus individualisée s'impose dans l'aristocratie et la bourgeoisie qui se détachent de la conception aristocratique de l'Ancien Régime, où le chien servait avant tout au paraître et au prestige. L'art,

CI-DESSUS
Portrait photographique d'une jeune Niçoise, début du XXe siècle.

CI-CONTRE
Thomas Lawrence, *La duchesse de Sussex*, premier tiers du XIXe siècle.

CI-CONTRE
Repas de famille, 1890.
« L'arrivée des biscuits venait de l'éveiller, il semblait les sentir dans son sommeil ; et, tous les soirs, à ce moment précis, il se secouait, il faisait sa ronde, guettant les cœurs sur les visages. » Émile Zola, *La joie de vivre*, 1884.

la littérature, la presse, à la fois guides et reflets de ces milieux, font du chien un ami fidèle, un confident, un complice, proche des enfants ; un tel sentiment était vécu mais peu reconnu auparavant. Cette nouvelle approche se propage à mesure que gagnent les valeurs d'une famille intime et resserrée, le chien devenant l'un de ses membres. Ainsi, les anciens usages aristocratiques du collier ou de la niche d'appartement sont vulgarisés et modifiés, servant moins à exhiber qu'à dire l'appartenance et le lien. Ce mode de relation se diffuse lentement au sein des autres groupes sociaux.

De son côté, le chat était depuis longtemps présent dans les maisons pour chasser les rongeurs, même s'il y était peu apprécié et le plus souvent délaissé. En important des spécimens exotiques, rares et précieux, l'aristocratie de l'Ancien Régime l'avait promu en animal de prestige, fait pour la présentation, le regard et la caresse. Il est ensuite adopté par les familles bourgeoises : des traités sur l'éducation et les soins qu'il doit recevoir sont édités à partir des années 1820 et l'art le représente en intime du salon. Les romantiques lui donnent une image d'animal sauvage, indépendant, désobéissant, proche de ce qu'ils pensent être eux-mêmes : incompris, solitaires et pauvres. Ce double mythe de l'artiste et de l'animal, avec projection de l'un sur l'autre, crée l'idée d'une affinité réciproque qui s'impose dans la première moitié du XXe siècle. Nombreux sont alors les hommes de culture à s'afficher avec leur chat favori.

CI-CONTRE
Colette et son chat, première moitié du XXe siècle.
« Le chat est un hôte et non un jouet. », Colette, *Dialogues de bêtes*, 1904.

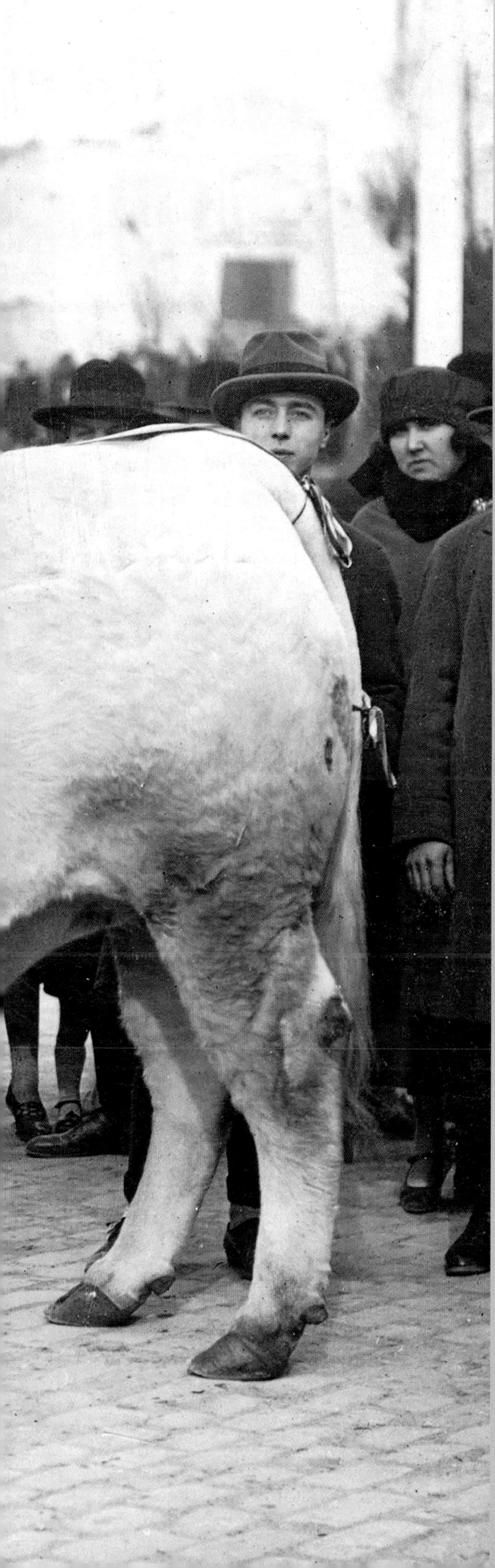

2. L’ADAPTATION AUX DÉSIRS

L'INVENTION DES RACES MODERNES

« Ugolin [...] s'écria : Ô Bonne Mère ! C'est un lièvre ? Non, dit en souriant le bossu... Non. C'est un croisement du géant des Flandres et du Bélier des Charentes [...]. Ça y est ! dit tout à coup Ugolin, j'ai les pattes de derrière ! [...] Mais qu'est-ce que c'est ? Il a des poils de chien, des pattes de lièvre, et des oreilles d'âne ! Ça alors, j'en ai jamais vu de pareil ! »

MARCEL PAGNOL, *Jean de Florette*, 1962.

DES NOTABLES CONTRE LA « ROUTINE »

À la fin du XVIIIe siècle, les animaux domestiques se caractérisent par une grande variété d'allures et de capacités selon les régions, les troupeaux, les individus. Cela vient de l'adaptation des bêtes, dont le matériel génétique se transforme lentement, aux contraintes et aux ressources du milieu naturel ainsi qu'au système agricole. En Franche-Comté, les vaches dites « femelines » des plaines céréalières sont sveltes, frugales et résistantes au travail. Les « tauraches » des montagnes sont lourdes, robustes, gourmandes, mais aptes à produire du lait ou à débarder. Partout l'adaptation est accentuée par la sélection des jeunes animaux les plus appropriés aux besoins. Dès lors, la notion paysanne de race ne fait pas référence aux morphologies des bêtes mais à leurs origines, aux qualités du terroir, aux savoir-faire des hommes. L'animal appartient à telle lignée, est élevé dans tel milieu, s'adapte à tel terroir. La conservation d'une race exige celle des savoirs, des échanges de reproducteurs, et des femelles, jugées gardiennes des caractéristiques. D'où la moindre importance des mâles et une forte consanguinité, ou la réticence à introduire d'autres races, aux lignées méconnues.

Ces conceptions étaient partagées par les agronomes depuis l'Antiquité. Mais, à partir des années 1770, vétérinaires, zoologues et agronomes veulent réformer cet élevage qu'ils estiment peu productif. Les bêtes leur paraissent chétives, bigarrées, mal proportionnées, et la polyvalence leur semble donner des résultats médiocres. Aux savoirs accumulés – qu'ils pensent erronés – et à l'adaptation à la nature – qu'ils jugent routinière – ils opposent l'innovation, l'expérimentation, la volonté d'exploiter au maximum des plantes ou des bêtes qu'ils analysent en termes de rendement et de productivité. Ils publient de multiples traités dans lesquels ils exposent leurs nouvelles théories, fournissent les bonnes méthodes, longtemps aussi diverses que leurs auteurs, et fondent une science appliquée de l'élevage, nommée zootechnie en 1842. Ils trouvent des alliés dès la Restauration : des nobles ayant découvert des expériences pionnières en Angleterre lors de

PAGES PRÉCÉDENTES
Bœuf de concours, 1910.
Le corps du beau bœuf devait pouvoir s'inscrire dans un rectangle excluant les pattes et la tête. L'idéal géométrique façonnait ainsi le vivant.

CI-CONTRE
Carte de France des petits animaux domestiques, premier tiers du XXe siècle, indiquant les principales races et les localisations.

CARTE AGRICOLE
N° 10

GÉOGRAPHIE ÉCONOMIQUE ET AGRICOLE

ANIMAUX DOMESTIQUES | ESPÈCES OVINE, CAPRINE, PORCINE ET OISEAUX DE BASSE-COUR - LEURS PRODUITS

Par Albert BERNARD
Instituteur
Officier de l'Instruction Publique

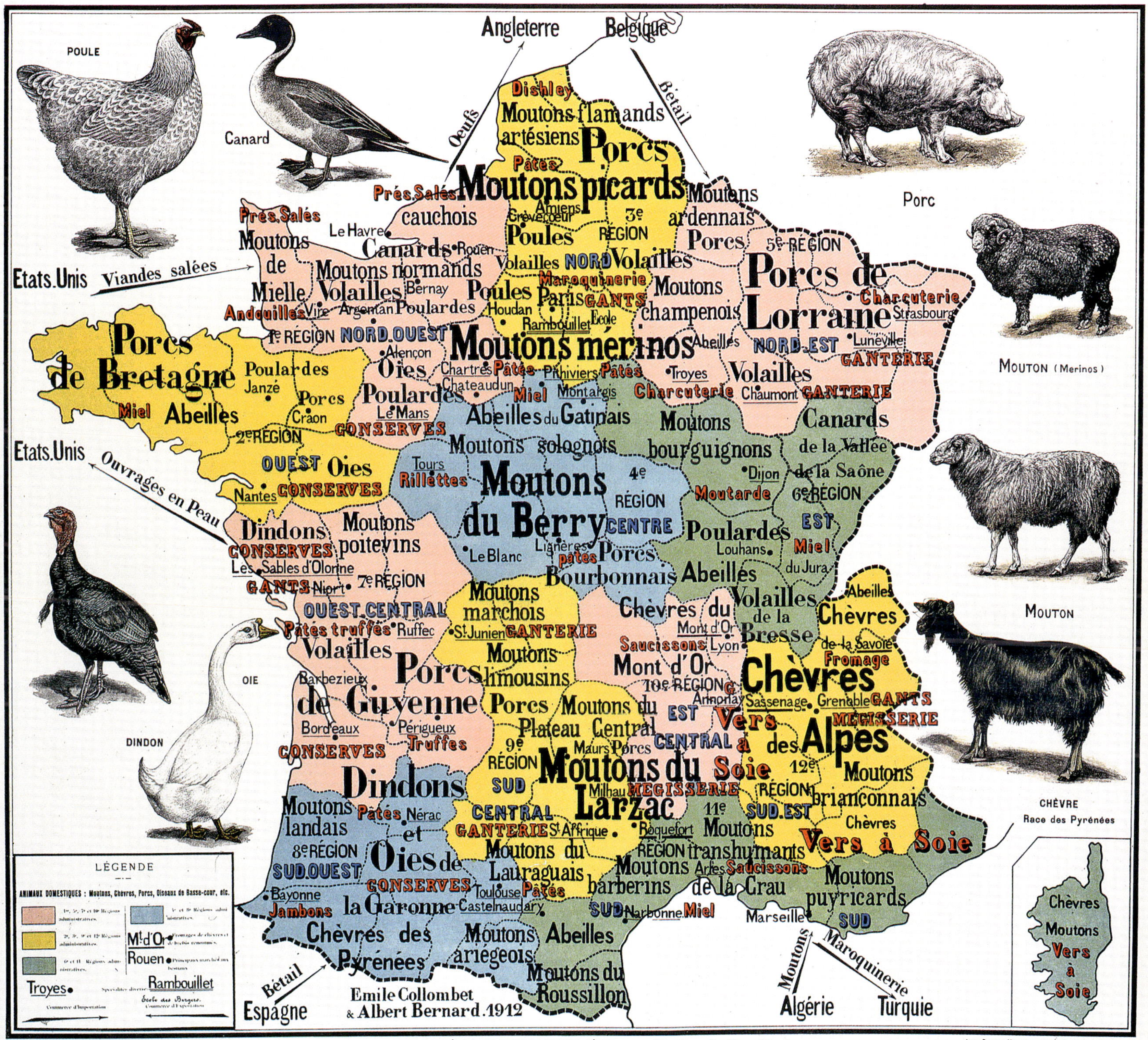

LES FILS D'ÉMILE DEYROLLE, Éditeurs, 46, Rue du Bac, Paris

Imp. GAILLAC-MONROCQ & Cie, 3, Rue Suger, PARIS.

leur exil durant la Révolution et désireux de les introduire sur leurs terres afin d'améliorer leurs sources de revenus ; des bourgeois gagnés à l'idée de progrès et souvent membres de ces sociétés agricoles qui fleurissent peu à peu et s'engagent dans cette modernisation. Tous sont soutenus par les administrateurs de l'État, soucieux de nourrir une population urbaine toujours plus nombreuse et plus exigeante.

DU CROISEMENT À LA SÉLECTION INTERNE

La critique des pratiques paysannes se concentre sur la notion de race. S'appuyant sur la zoologie et sur l'exemple anglais, les réformateurs définissent la race par l'animal lui-même, comme un ensemble de caractères physiques originaux, stables, transmissibles d'une génération à l'autre. Ainsi, chaque race est pourvue d'un standard, constitué de critères morphologiques héréditaires (couleur de la robe, disposition des cornes, etc.), et auquel on s'efforce de conformer les bêtes par un incessant travail de sélection. Ce sont les hommes qui choisissent les caractères physiques, qui brossent un portrait idéal de la race, qui façonnent les bêtes en fonction des représentations et des besoins.

Dans la première moitié du XIXe siècle, la méthode consiste à introduire des représentants de races étrangères déjà sélectionnées et calibrées, et à les croiser avec des races locales afin d'améliorer leur morphologie et leur productivité. Ce procédé était déjà appliqué par des marchands-engraisseurs de régions herbagères qui, depuis le XVIIe siècle, faisaient venir des bovins suisses ou flamands. Dès lors, des chevaux, des bovins, des porcs sont importés d'Angleterre, des moutons arrivent d'Espagne et des poules d'Asie.

À partir du second Empire, l'idée s'impose que l'amélioration doit venir d'une sélection à l'intérieur des races locales, en faisant se reproduire entre eux les bons éléments pour éliminer leurs défauts et les orienter vers l'animal jugé idéal. La sélection se fonde sur l'observation de la descendance des mâles, devenus prioritaires, et sur le contrôle des caractères extérieurs qui doivent être permanents. Des livres généalogiques sont créés pour fixer le standard et la finalité de chaque race, enregistrer les reproductions, les filiations et les mouvements d'animaux d'un élevage à l'autre. Ils assurent la création de la race, le maintien de sa pureté et sa diffusion géographique par la vente de reproducteurs certifiés. Ces méthodes perdurent jusqu'aux années 1950 puis sont remplacées par l'insémination artificielle pour la sélection et par un retour au croisement avec des races étrangères, plus productives.

COMICES, CONCOURS ET ÉCOLES AGRICOLES

Tout cela est propagé par les comices agricoles, créés en 1839, au cours desquels s'échangent les conseils et les techniques, et par les concours qui se multiplient jusqu'à devenir nationaux avec la création, en 1844, du concours de Poissy, ancêtre du concours général agricole. En récompensant les bêtes jugées exemplaires, ces concours encouragent la sélection. Ils favorisent d'abord les animaux issus de croisements, puis les bêtes sélectionnées en interne. L'estimation des jurys est surtout fondée sur le regard et le toucher, en quête de « belles » formes faisant l'objet d'un consensus. À partir de 1845, le goût de la mesure précise, porté par le développement de l'éducation, des sciences et du rationalisme, donne naissance à des commissions qui établissent les

CI-CONTRE
Vache de race bretonne, illustration de 1863. L'image synthétisait tous les aspects anatomiques souhaités et présentait ainsi l'animal idéal, le standard que les éleveurs essayaient ensuite d'atteindre en sélectionnant leurs bêtes.

ANIMAUX DE LA FERME,

gricole de la Maison Rustique, rue Jacob, 26, à Paris. ESPÈCE BOVINE. par Victor Borie.

note, rue des Boulangers, 13, Paris.

RACE BRETONNE—VACHE.

« CI-CONTRE »

« Les animaux de la ferme », planches pour l'enseignement agricole, vers 1900, présentant les principales races standardisées de bovins et d'équins. Elles montrent bien que la notion de race repose avant tout sur des critères anatomiques et esthétiques décrétés par l'homme.

ENSEIGNEMENT AGRICOLE
TABLEAU N° 6
N° 606
LES ANIMAUX DE LA FERME
ANGLAIS PUR SANG
ARABE
BOULONNAIS
NORFOLK
PERCHERON
FLAMAND
VENDÉEN
BARBE
NORMAND
ARDENNAIS
TARBAIS
BRETON DU LÉON
LANDAIS
ANE
MULET
Les Fils d'ÉMILE DEYROLLE, éditeurs, 46, rue du Bac, Paris.
E. KAPP, imprimeur, Paris.

rendements des bêtes primées, aussitôt abattues. Ensuite sont adoptées des techniques de pesage, de mensuration, de points et de coefficients pour juger des aspects déclarés primordiaux par les standards : précocité, production, couleurs franches et fixes des robes distinguant chaque espèce, perfection des formes. Avec ces mesures, les cornes, les oreilles, les membres et le corps doivent s'apparenter à des formes géométriques, rectilignes, horizontales, arrondies. Avec ces calculs, l'animal est converti en somme algébrique.

En 1827, la création de l'école d'agriculture de Grignon lance un mouvement d'ouverture de fermes-écoles, d'écoles nationales d'agriculture, de l'Institut national d'agronomie (1876), d'écoles spécialisées pour les moutons (1876), l'aviculture (1888), la production laitière (1889), ou encore afin d'initier les femmes aux soins à apporter aux vaches et à la basse-cour (1886). Toutes inculquent les idées nouvelles.

DU PUR-SANG AU CHAROLAIS : DES ANIMAUX TRANSFORMÉS

Ainsi sont créées les races modernes que l'on connaît aujourd'hui. Le cheval sert de banc d'essai parce qu'il est prioritaire pour les élites. À partir de 1663, les haras royaux avaient déjà tenté de créer des races de chevaux carrossiers ou de selle pour l'aristocratie et l'armée. Mais leur politique de croisements, discontinus et sans critères fixes, avait donné des résultats inégaux. L'introduction du pur-sang anglais à la fin du XVIIIe siècle lance un débat entre les partisans de croisements avec des chevaux français ou arabes et ceux qui ne veulent que de l'anglais pur. Dès lors, le terme pur-sang ne désigne pas le cheval de course, comme en Angleterre (*pure racing blood*), mais l'ascendance anglaise d'un cheval qu'on ne souhaite croiser qu'avec un semblable. Le pedigree affirme la qualité et la beauté d'un animal. Le débat aboutit à la reconnaissance de trois races (anglaise, arabe, anglo-arabe), maintenues séparées par l'adoption novatrice des livres généalogiques, venus d'Angleterre. Celui du pur-sang anglais, créé en 1833, est ainsi le premier ouvert en France.

À la fin du XIXe siècle, les chevaux de trait sont concernés par la spécialisation. Des races anciennes sont améliorées et fixées par une sélection interne ; d'autres sont créées par croisements. Ainsi, des notables locaux inventent la race nivernaise, de grande envergure, bien proportionnée et de couleur noire pour la différencier de la race charolaise. Ailleurs sont formalisés l'ardennais, destiné à tirer la charrue ou la pièce d'artillerie, le boulonnais et le percheron pour le transport… Le mouton est un autre sujet d'expérimentation en raison de son rôle de fournisseur de fumier et de laine.

CI-CONTRE
Affiche du concours général agricole de 1910.
Les bovins, qui travaillaient et produisaient, étaient l'espèce idéale, l'emblème de l'élevage.

CI-CONTRE
Reporters photographiant un cochon, lauréat du concours général agricole, vers 1930.
À partir du milieu du XIXe siècle, les animaux primés devinrent des vedettes, d'abord peintes puis photographiées. Elles incarnaient le savoir-faire des éleveurs et la réussite de l'agriculture française.

Il est croisé avec des mérinos espagnols pour la laine, des races anglaises pour la viande. La population ovine est peu à peu modifiée : les variétés anciennes disparaissent au profit de races nouvelles (charmoise, Île-de-France), plus productives.

Ensuite, la principale affaire est celle des bovins. Après des essais de croisements avec des races anglaises dans la première moitié du XIXe siècle, l'heure est à une sélection interne analogue à celle des chevaux de trait. La spécialisation pour le lait ou la viande est le mot d'ordre des recherches à partir de 1841. L'ouverture des livres généalogiques marque la naissance de races modernisées ou inventées comme la charolaise (1866), la frisonne (1881), la normande (1884), la montbéliarde (1889), la limousine (1896). Des races nouvelles de porcs, de poules et de lapins apparaissent ensuite.

L'adoption par les paysans de ces races perfectionnées est rapide lorsque les petits exploitants veulent imiter les grands, lorsque les bêtes sont bien adaptées aux goûts ou aux besoins – comme la villarde, dont la polyvalence plaît dans le Vercors –, lorsque les agriculteurs ont intégré le marché national et peuvent écouler leur production. L'implantation est lente si les bêtes paraissent fragiles, coûteuses à nourrir, trop spécialisées pour des exploitations qui restent pluriproductrices. Ainsi, les Vendéens refusent la normande laitière mais acceptent la charolaise à viande après 1900, parce qu'elle peut travailler et fournir du lait. De même, les races locales de poules restent majoritaires jusqu'aux années 1930, car elles résistent mieux aux intempéries dans des poulaillers inconfortables. La diffusion est difficile, voire impossible, dans les pays isolés, rudes et pauvres, où les bêtes sont adaptées et polyvalentes, et servent de symbole régional.

Il se produit néanmoins une uniformisation du cheptel. Nombre de vieilles races disparaissent soit par fusion dans une nouvelle race standardisée (c'est ainsi que les races bovines choletaise, nantaise, maraîchine et poitevine donnent la parthenaise), soit par abandon, comme les chevaux corses ou les bidets bretons.

Ces transformations touchent également les chiens et les chats. Vétérinaires, zootechniciens et éleveurs importent, croisent, améliorent et fondent des associations (Société centrale canine, 1882), des standards, des livres généalogiques (Livre des origines françaises, 1885). Il s'agit de créer des races pures, nombreuses pour les chiens : de chasse (du braque à l'épagneul), de garde (du boxer au saint-bernard), de compagnie (du carlin au caniche), de berger (du briard au labrit). Les succès sont divers. Le berger allemand connaît un triomphe dans la première moitié du XXe siècle, et surpasse des races locales telles que le beauceron, le briard, le picard, formalisées dès le XIXe siècle.

CI-DESSUS
Les chevaux bretons étaient appréciés dans les mines du Nord-Pas-de-Calais. D'une taille et d'un poids moyens, ils intervenaient entre les chevaux de race belge, réservés aux lourds convois, et les poneys, utilisés dans les petites galeries.

CI-CONTRE
Mouton Dishley, illustration de 1842. Un exemple de ces races anglaises, spécialisées pour la viande, introduites en France pour les croiser avec des bêtes locales et améliorer celles-ci.

Plate XIX.

Drawn by Mr. Nicholson, R.S.A. from a Painting by Mr. Shiels, R.S.A.

Drawn on Stone & Printed by Fairland, 165, St. John's Sq.

THE NEW LEICESTER BREED.

Ram, a two-shear Sheep, bred by Mr. Buckley, Normanton Hill, Leicestershire.

PROFESSOR LOW'S ILLUSTRATIONS OF THE BREEDS OF THE DOMESTIC ANIMALS.

London Published ... by Longman, Brown, Green & Longmans ...

LA FABRICATION DE MACHINES

« Eh bien, moi, dit le bossu, je les comprends fort bien, et je vais vous dire ce qu'ils signifient : ils signifient qu'à partir d'un seul couple de lapins un éleveur MODERNE peut obtenir, dès la fin de la troisième année, une production mensuelle de cinq cents lapins. C'est du moins ce qu'affirme un spécialiste. »

MARCEL PAGNOL, *Jean de Florette*, 1962.

TOUJOURS PLUS GRAND, PLUS LOURD, PLUS PRODUCTIF

La standardisation transforme les allures des bêtes, ainsi la taille au garrot des chevaux de trait passe de 1,30 m à 1,60 m entre le XVIIIe siècle et le début du XXe. Les morphologies deviennent massives et adaptées à la diversité des besoins : le cheval de tombereau doit avoir le dos court et musclé pour reculer sans souffrir ; celui de halage doit posséder de puissantes épaules et un corps épais afin de résister au débit des eaux ; celui qui tire un omnibus doit être à la fois fort et véloce. Une vache moyenne pèse 300 kg au milieu du XIXe siècle pour atteindre 500 kg dans l'entre-deux-guerres. Des races bien sélectionnées sont plus transformées encore : la limousine passe de 300 kg à 900 kg, et la taille au garrot de la charolaise s'élève de 1,2 m à 1,4 m. Pour tous, la couleur de la robe tend à passer du foncé au clair, symboles respectifs du sauvage et du civilisé, proclamant ainsi le glissement du spontané au contrôlé.

Les changements sont d'autant plus importants que les performances sont multipliées. Car l'essor de la productivité est une bonne solution, à côté de l'augmentation du cheptel, pour répondre à la croissance des demandes. Les chevaux tirent plus lourd, plus longtemps et plus vite, et les inventions abondent pour augmenter encore leur rendement. Ainsi, des entreprises minières ou de transport mènent des expériences sur l'usure des fers, sur les capacités de traction ou sur des colliers d'épaule pneumatiques, et elles investissent dans des harnais sur mesure. Les bovins produisent de plus en plus. La villarde donne 5 litres de lait par jour au milieu du XIXe siècle et 20 litres au début du XXe. Partout les quantités de viande augmentent avec la hausse des poids et une sélection privilégiant les muscles aux dépens des graisses et de la carcasse. Il en est de même des porcs, dont le corps s'allonge et s'alourdit, ainsi que des volailles et des lapins.

SOIGNER ET NOURRIR, MAIS PAS TROP

La raison première de l'évolution est bien l'effort de sélection pour façonner la bête idéale que les jurys des concours agricoles disent être une masse compacte de chair et de graisse. L'animal est promu en usine à produire, et cette réifica-

CI-CONTRE »
Une race allemande de porc, gravure de 1893. Toute l'Europe transformait son cheptel et, partout, le petit cochon noir, vif et trotteur d'autrefois devint clair, obèse, essoufflé : une usine à viande.

Harrissonschwein. 1/18 natürl. Größe.

tion annonce l'élevage industriel. Cependant, la compétition entre éleveurs novateurs et entre régions, le désir de ces éleveurs de différencier leur cheptel de celui des paysans jugés routiniers, de se distinguer comme acteurs du progrès et du savoir-faire moderne, sont également des facteurs importants.

Il en est de même de l'évolution de l'alimentation. Nourrir les bêtes reste un souci jusque vers 1870 car l'augmentation de la population réduit les pâtures. L'affaire peut devenir désespérée lors d'une sécheresse ou lors d'un hiver trop long : en 1837, les habitants de Nantes-en-Rattier, dans l'Isère, défont lits et toits en paille pour sauver leur cheptel. Toutefois, l'exode rural et l'augmentation des rendements céréaliers libèrent peu à peu des terres pour produire des herbes (trèfle, luzerne, sainfoin) et des plantes fourragères (betterave, navet, rave, choux) qui augmentent et diversifient les rations.

Cette tendance est encouragée par les agronomes, qui prônaient déjà la diversification des nourritures au XVIIIe siècle. À partir des années 1840, ils étudient la composition des aliments, leur digestibilité, les apports énergétiques, le rôle des vitamines et des oligo-éléments, la combinaison et l'équilibre des rations, leur adaptation aux espèces. Tourteaux, résidus industriels, farines de lait, voire de viande, sont utilisés dans les fermes modèles, dans les étables urbaines, dans les écuries des compagnies minières ou d'omnibus, qui désirent mieux nourrir leurs animaux afin d'obtenir un meilleur rendement. Ailleurs, les applications restent limitées.

Parce qu'ils pensent le cheptel comme un capital économique à préserver, agronomes et pouvoirs publics fondent des écoles vétérinaires (la première est créée à Lyon en 1762) pour combattre les erreurs des populations, bâtir une science appliquée, lutter contre les épizooties des chevaux et du bétail par l'application d'une hygiène élémentaire dans les étables. Sur ce point, le succès est tel qu'au XIXe siècle, les vétérinaires investissent l'agronomie puis la zootechnie. L'aspect médical est développé par des travaux sur les physiologies, les anatomies pathologiques, les contagions, les parasites et agents infectieux, les thérapeutiques.

Cependant, l'action sur le terrain est limitée par la concurrence des guérisseurs locaux. Le pouvoir du vétérinaire ne s'installe qu'à partir de la fin du XIXe siècle grâce à des compétences améliorées, à l'appui des notables, aux campagnes pour l'hygiène puis pour la vaccination, à l'obtention du monopole d'intervention lors des épizooties (1881), puis de ceux du contrôle des

CI-CONTRE
Publicité pour la marque d'aliment pour bétail Primefleur, vers 1920-1930. La valeur nutritive des aliments fut établie à la fin du XIXe siècle. Les zootechniciens composèrent des rations équilibrées, adaptées aux objectifs souhaités. D'abord utilisée par les grandes compagnies de transport urbain, puis, timidement, par l'armée en 1914-1918, cette alimentation « scientifique » fut diffusée dans les campagnes à partir de l'entre-deux-guerres.

CI-CONTRE
Publicité pour les établissements Jaubert, 1938.

POUSSINS VIGOUREUX
POULETTES PRÉCO
ALIMENTS "RE
USINES
FRANC
Pouzols-Nuel

CI-CONTRE
Publicité pour les aliments « REMY », première moitié du XXe siècle.

viandes, du lait et des abattoirs, de l'exercice de la médecine (1938). Les effets sont réels sur la physiologie des bêtes, surtout grâce aux actions de prévention et d'hygiène. Car, excepté dans certaines compagnies ou dans de grandes exploitations, les vaccins, la chirurgie, l'asepsie, trop coûteux, restent peu employés.

L'INVENTION DE L'ÉLEVAGE INDUSTRIEL

Une autre raison de la métamorphose des bêtes est la sédentarisation, qui facilite l'engraissement en limitant les efforts. Ainsi les vaches cloîtrées dans les étables en ville acquièrent des tailles et des rendements (22 litres par jour en 1889) plus importants que leurs congénères des champs. C'est pourquoi les paysans gardent de plus en plus les porcs dans les soues, les lapins dans les clapiers, les poules dans les cages. Ce constat et l'influence du cartésianisme incitent les agronomes, zootechniciens et vétérinaires à considérer les animaux comme des machines et à vouloir les inscrire dans le modèle industriel.

Ce sont justement des industriels et des commerçants qui, à partir du second Empire, créent de grands élevages fermés près des laiteries et des fruitières en campagne, près des huileries, semouleries, casernes et hôpitaux en banlieue, pour nourrir des cochons avec les déchets. Le port de Marseille attire ainsi des porcheries de 200 à 2 000 têtes. Les porcs sont placés sur des caillebotis qui facilitent le nettoyage, limitent les mouvements, les obligent à manger, à dormir et à engraisser. En aviculture, des machines à couver sont utilisées en Bretagne, en banlieue parisienne et dans le Nord afin de produire des œufs ou des poussins d'un jour. L'engraissement en batterie, à l'aide de cages tournantes ou placées au sol, est aussi expérimenté alors même que le gavage des oies, des dindes, des pigeons… se développe chez certains éleveurs ou revendeurs urbains.

Nombre d'animaux sont concernés par ces espoirs productivistes. Au milieu du XIXe siècle, près de Bordeaux, des étangs sont aménagés pour que de vieux chevaux les traversent et servent de nourriture aux 20 000 sangsues élevées chaque année. À la fin du siècle, dans les monts d'Or, près de Lyon, quelque 18 000 chèvres sont enfermées pour produire chacune jusqu'à 600 litres de lait par an. À partir de cette époque, des clapiers industriels de 300 à 1 000 cages élèvent de gros et prolixes lapins pour la production de peaux plus grandes et en plus grand nombre. Même si ces tentatives sont encore marginales, elles annoncent la logique industrielle des années 1950.

CI-DESSUS
Gavage à la machine de poules et de canards, vers 1905.

CI-CONTRE
Publicité pour une baratte atmosphérique et un « trait-vache » automatique, 1867. L'affiche présente une petite ferme, avec une vache et quelques poules, pour suggérer une nécessaire diffusion au nom de la rationalisation du travail. En réalité, ces appareils étaient utilisés dans de grandes exploitations.

PAGES SUIVANTES
« Berceaux » pour veaux, 1905.

BEURRE EN CINQ MINUTES

BARATTES ATMOSPHÉRIQUES

Bté S.G.D.G. DEPUIS 5 F.

MÉDAILLE D'ARGENT AU CHAMP DE MARS 1867

PREMIER PRIX A BILLANCOURT 1867

BARNETT, DÉPOSITAIRE GÉNÉRAL

Lith. S. Robineau & A. Roumestant, 36, r. d'Hauteville Paris. DÉPOSÉ. Jules Gras.

TRAIT-VACHE-AUTOMATIQUE Btés S.G.D.G. 2f l'un

DÉPÔT GÉNÉRAL MAISON BARNETT

164, RUE DE RIVOLI, PARIS

PRIX-COURANT FRANCO

2

3. UN NOUVEAU PAYSAGE

LE BÉTAIL AUX CHAMPS !

« Par les barreaux de la tonnelle et au-delà tout alentour, on voyait la rivière dans la prairie, où elle dessinait sur l'herbe des sinuosités vagabondes. [...] Au loin, des bestiaux marchaient ; on n'entendait ni leurs pas, ni leurs mugissements. »

GUSTAVE FLAUBERT, *Madame Bovary*, 1857.

LE CRÉPUSCULE DES PARCOURS

Depuis le Moyen Âge, l'obligation de consacrer la plupart des terres défrichées aux labours pour nourrir les hommes réservait l'usage des prairies aux animaux des seigneurs, des bourgeois, des paysans aisés, ou aux régions humides des montagnes et des franges maritimes. Les autres troupeaux vaquaient sur les chaumes et les jachères – des terres au repos qui représentaient souvent un tiers des surfaces labourées – ou étaient envoyés dans les landes, les marais, les chemins, les terres communales et surtout les forêts. Pratiquée dès le Néolithique, cette « dépaissance forestière » convertissait en parcs à bestiaux les forêts, alors ratissées et dégradées. Dans tous ces lieux d'élevage extensif, les animaux étaient laissés en liberté totale (on allait les rechercher en automne seulement) ou en liberté partielle, sous le contrôle d'enfants ou de vieillards pour quelques bêtes, de bergers pour les troupeaux.

La transhumance s'imposait lorsque le cheptel augmentait. Dans le Bassin parisien de l'Ancien Régime, les porcs destinés à être vendus en ville étaient envoyés plusieurs mois se nourrir dans des forêts éloignées jusqu'à 70 km. Dans le Midi, à partir du XVe siècle, la multiplication des ovins, pour satisfaire la demande en laine, vulgarisa la transhumance vers les Alpes et le Massif central, alors qu'elle était auparavant limitée aux grands troupeaux des domaines seigneuriaux et abbatiaux. Elle connut son apogée entre le XVIIIe et le milieu du XIXe siècle. Un à deux millions d'ovins traversent alors campagnes et villes pour rejoindre les estives.

Ces parcours déclinent ensuite. En effet, pour protéger les arbres destinés à la marine de guerre, l'édit de 1669 avait restreint l'espace et le temps de la pâture forestière, et exigé une surveillance étroite des troupeaux. Sans cesse rappelé par l'État et les propriétaires de bois, ce texte impose lentement une coupure entre la forêt et l'élevage. L'espace pastoral est encore réduit par le partage des communaux après la Révolution, par l'assèchement des marais, la mise en culture des friches ou des landes, le déboisement des forêts afin de répondre à l'augmentation de la population. En conséquence, les transhumances forestières ou régionales périclitent ; les errances et les parcours locaux sont quant à eux peu à peu réduits.

PAGES PRÉCÉDENTES
Circulation hippomobile sur l'avenue Foch, Paris, fin du XIXe siècle.
La promenade en voiture hippomobile jusqu'au Bois de Boulogne, en passant par l'avenue des Champs-Élysées et l'avenue Foch, devint une obligation mondaine, décrite par Zola et Proust, où l'on montrait ses chevaux, sa voiture, ses toilettes, où l'on affichait son rang.

CI-CONTRE
Troupeau de moutons en estive, milieu du XXe siècle.

CI-CONTRE
Joaquim Vayreda y Vela,
L'été, 1880.

Tout cela entraîne l'un des phénomènes majeurs des campagnes au XIXe siècle : la sédentarisation du bétail sur les terres des éleveurs. Il aboutit en 1889 à la suppression du droit de vaine pâture et à la fin des croisements spontanés avec les cousins sauvages, longtemps en vigueur pour les porcs et les lapins, au profit d'un contrôle total de l'homme. Même s'il reste des errances, pour le porc dans le sud du Massif central et dans les Pyrénées, pour la chèvre un peu partout, le développement de l'élevage laitier – lequel exige des traites journalières donc une proximité des pâtures – conforte cette évolution, rendue possible grâce à la multiplication des étables et des prairies.

CI-DESSUS
Bovins à l'étable, illustration, vers 1860. L'une de ces étables rudimentaires, nombreuses à l'époque. Bêtes simplement attachées. Paille et foin jetés aux pieds. Le bœuf debout, bien maigre, servait à travailler, pas à produire de la viande.

UN BLANC MANTEAU D'ÉTABLES

Bien qu'elles eussent existé dès le Néolithique, les étables étaient souvent réservées aux bêtes des plus grands propriétaires de bétail : patriciens à l'époque romaine, seigneurs et moines au Moyen Âge. À partir du XIIIe siècle, l'usage s'en répandit auprès des paysans les plus aisés. Cependant ces étables ne servaient vraiment que l'hiver, car la rentrée journalière était limitée à quelques bêtes, comme les porcs gras et les volailles, voire les équins et les bovins de travail.

Le développement d'un cheptel de plus en plus sédentaire provoque une multiplication et une vulgarisation des étables à partir du XVIIIe siècle. Les nombreuses étables qui commencent alors à parsemer les campagnes constituent une autre transformation majeure du paysage rural. La pratique des sorties et des rentrées journalières s'étend d'abord, au XVIIIe siècle, aux ovins des campagnes céréalières qu'on maintient à proximité des labours pour les fumer, puis, au XIXe siècle, à la majeure partie du cheptel. Les étables permettent même de garder les animaux enfermés lorsque la croissance des effectifs est plus rapide que la conversion des labours en prairies. C'est le cas des ovins des pays céréaliers dans la première moitié du XIXe siècle, parce que la jachère est remplacée par des cultures fourragères. C'est aussi le cas des porcs et des lapins, adoptés un peu partout comme réserve alimentaire familiale. À l'inverse, les régions de montagne, de landes ou de garrigues conservent souvent un élevage en plein air, accompagné de rentrées à l'étable l'hiver.

LE TRIOMPHE DES PRÉS

En fait, la réduction des parcours et les rentrées quotidiennes sont indissociables du développement des prairies autour des fermes. Cette troisième transformation du paysage rural est la plus saisissante car, jusqu'au XIXe siècle, 60 à 90 % des terres agricoles étaient consacrées aux labours pour les céréales. La conversion du paysage commence souvent par la transformation

CI-CONTRE
Alfred Roll, *Manda Lamétrie, fermière*, 1887. La production croissante de lait, avec ses traites journalières, incita à parquer les vaches dans des prairies autour des fermes, à portée de main.

des jachères en prairies temporaires qui permettent d'avoir plus de bêtes, donc plus de fumier et de produits, tout en régénérant mieux les terres avant de les remettre en culture. Dans un second temps, les labours sont convertis en prairies permanentes. Ce choix est encouragé par les ventes croissantes de lait et de viande et par l'augmentation des rendements, qui permettent de cultiver les céréales sur moins de terre ou qui incitent à les acheter ailleurs. La superficie des herbages passe ainsi de 10 % du territoire au milieu du XIXe siècle à 30 % dans l'entre-deux-guerres.

En réalité, la spécialisation croissante des régions fait que certaines d'entre elles mutent peu – en continuant de produire des céréales – tandis que d'autres se convertissent aux prairies. Ainsi, la Manche passe de 20 % de prés vers 1820 à 97 % en 1934, et son cheptel laitier augmente de 70 % entre 1892 et 1929. Dès lors, les paysages de ces régions changent : l'herbe verte l'emporte sur l'épi jaune. Elle envahit les bocages déjà en place, comme en Normandie. Ailleurs, comme en Charolais, des talus et des haies sont créés pour contenir les troupeaux. Ceux-là, en vaquant autour des fermes, imposent leurs taches colorées dans le tableau. Ainsi se crée l'image d'Épinal de campagnes vertes, pleines de bêtes.

CI-CONTRE
Vincent Van Gogh,
La moisson, 1888.
À l'inverse du précédent paysage, le blé dominait dans celui-ci. Le bétail était discret.

DES SABOTS PLEIN LES RUES

« C'était le chevrier avec deux chiens et, devant lui, son troupeau de chèvres. Comme il venait de loin il passait assez tard dans notre quartier ; et les femmes accouraient avec un bol pour recueillir le lait qui devait donner la force à leurs petits. »

MARCEL PROUST, *La Prisonnière*, 1923.

L'INCESSANT DÉFILÉ DES TROUPEAUX

Toujours plus nombreux dans les campagnes, les animaux envahissent les rues des villes, du chef-lieu de canton à la capitale. La déambulation des bêtes était déjà le propre des cités depuis l'Antiquité, mais elle connaît un énorme saut quantitatif du fait d'une production rurale accrue et d'une consommation urbaine multipliée. À Lyon, les entrées annuelles des bêtes de boucherie passent de 100 000 à 750 000 entre le début du XIXe siècle et 1914.

Les bêtes défilent dans les rues avant tout pour rejoindre et quitter les foires et les marchés, où les paysans viennent vendre et acheter, les urbains se fournir en porcs et volailles, les voituriers et les cochers acquérir leurs chevaux, les laitiers-nourrisseurs choisir leurs animaux d'étable, les maquignons négocier ou troquer les bêtes à viande ou à lait et les chevaux de trait. Car les foires se tiennent toujours en ville, lieu de confluence des moyens de communication, et profitent du développement des routes puis du chemin de fer. Pour attirer ce fret plus rentable que les voyageurs, les compagnies ferroviaires multiplient les entrepôts, les quais, les wagons à bestiaux et les tarifs spéciaux. Aussi, le nombre de foires et de marchés augmente partout à partir des années 1780-1820 et surtout dans la seconde moitié du XIXe siècle. En Haute-Loire, par exemple, les premières doublent et les seconds triplent entre ces deux époques. L'ampleur du trafic croît avec l'augmentation du cheptel, de la demande et

CI-DESSUS
Chevrier à Paris, 1930.
Le lait de chèvre se buvait en petites quantités, comme un médicament.

CI-CONTRE
L'abattoir de Lyon-Gerland
dans l'entre-deux-guerres.
Le plus moderne de France
à l'époque. La mécanisation
des opérations concernait
aussi l'arrivée des bêtes et leur
distribution dans les bâtiments.

du rayon d'attraction de la ville concernée. Car se développe un long commerce pour ravitailler les villes ou les régions à faible élevage et pour répondre à la spécialisation des bêtes, notamment des chevaux. En 1930, 17 000 chevaux bretons traversent Landivisiau avant d'aller, par le train, travailler dans les vignobles et les maraîchages du Midi. À la foire de Saint-André à Toulouse, des marchands amènent de lourds chevaux de trait du Nord et emmènent de fins chevaux d'attelage du Sud-Ouest.

Parallèlement, la consommation croissante de lait frais multiplie les troupeaux ambulants de vaches, de chèvres et d'ânesses, surtout dans les beaux quartiers ou dans les stations thermales et balnéaires. Chaque matin, ces bêtes quittent leurs étables et font des tournées à horaires fixes, ou s'installent en des lieux précis, ou encore vont de porte en porte chez les clients fidèles. À ces déplacements s'ajoutent la traversée, annuellement en général, des bêtes venant remplacer ces dernières et celles qui sont cloîtrées dans les étables. À Paris, à la fin du XIXe siècle, 15 000 nouvelles vaches succèdent chaque année aux réformées qui rejoignent les abattoirs.

En effet, l'essor de la consommation urbaine de viande augmente encore les défilés de bestiaux car les abattages ont lieu au cœur des villes. À Lyon, l'ouverture d'un abattoir en 1840, au sud de la ville, et le regroupement des arrivées en un marché unique, au nord, obligent les animaux à la traverser de part en part. Dans les années 1860, trois fois par semaine, plus de 1 000 bêtes font ce trajet en plein après-midi, guidées par des bouviers et leurs chiens. D'autres animaux sont emmenés chez les bouchers et les charcutiers qui conservent longtemps le droit de tuer et même d'élever chez eux.

CI-DESSUS
Foire aux chevaux à Condé-sur-Noireau (Calvados) dans les années 1900.

DE L'ÉTAL À LA TANNERIE : L'EXHIBITION DES CADAVRES

Depuis le Moyen Âge, les bouchers sont souvent regroupés dans les mêmes rues. Là, à la vue de tous, se mélangent, par manque de place, les animaux vivants, les bêtes assommées, égorgées, saignantes, les quartiers peu à peu dépecés, au milieu des cris, du sang, des odeurs, des déchets. Cette présence quotidienne du cadavre s'accroît avec l'explosion de la consommation de viande. La création d'abattoirs clos de murs, en périphérie, à partir de 1810 (c'est le cas à Paris), ne modifie guère la situation car ces installations ne concernent dans un premier temps que les grandes villes, où l'urbanisation les rattrape rapidement, et ne sont souvent – surtout dans les villes moyennes qui ne s'équipent qu'à partir du début du XXe siècle, lorsque s'imposent de nouvelles exigences sanitaires – que des hangars aux portes ouvertes, offrant à tous le spectacle de leur activité. Même dans ces villes, les bouchers continuent d'abattre les petits animaux, voire toutes les bêtes dans les

CI-CONTRE
La saignée des cochons aux abattoirs de Lyon-Vaise, 1905. Un abattoir « intermédiaire » : toutes les opérations avaient lieu au même endroit, comme dans les anciennes « tueries », mais avec une tendance à l'industrialisation, marquée par le hangar-usine, les machines, les systèmes d'évacuation et de nettoyage.

425. LYON-VAISE. — Les Abattoirs. La saignée des cochons

CI-CONTRE
Un étal de charcutier à Paris, vers 1930.

quartiers éloignés, afin de répondre à la demande et de rassurer les clients qui peuvent juger sur place de la fraîcheur des produits.

La séparation entre la tuerie et l'étal, qui s'impose dans les grandes villes au début du XIXe siècle pour éviter les trop longs déplacements des clients, accentue l'exhibition des cadavres d'animaux. Les boucheries de détail se multiplient dans les quartiers. Or, les bouchers ont depuis longtemps l'habitude d'exposer les carcasses sanguinolentes, à peine dépouillées, entières ou démembrées, le long des façades et sur les tables extérieures de leurs devantures. Cet usage est interdit à partir de 1880 pour des raisons d'hygiène. Il est remplacé par la mode de l'étalage décoratif, lancée à Paris en 1845, qui se répand dans tout le pays et se maintient jusqu'aux années 1950. Pour allécher le passant, les devantures sont, à l'intérieur comme à l'extérieur, surchargées de corps de porcs, de veaux, de lapins, de têtes, d'épaules, de gigots, de jambons... Ces animaux ou ces morceaux nettoyés et travaillés permettent de montrer le savoir-faire, comme en témoignent les compétitions de chefs-d'œuvre entre artisans, mais ils proclament aussi le recul de la faim, le triomphe de la profusion, l'enrichissement d'une société.

L'exhibition est aussi amplifiée par l'essor des tanneries, qui font souvent sécher les peaux le long des rues, et par celui des ateliers d'équarrissage, qui accompagne la multiplication des chevaux urbains. Installés en périphérie

CI-CONTRE
« Une reine au travail », portrait d'une bouchère des Halles, Paris, 1899.

L'Illustré
SOLEIL du DIMANCHE

UNE REINE AU TRAVAIL. — Mlle Louise STOCK, bouchère, qui a été proclamée Reine des Halles.
(Aquarelle de M. de PARYS.)

mais vite rattrapés par les faubourgs et pas toujours clos, ces établissements reçoivent les rosses abandonnées mortes dans les rues ou traînées vivantes jusqu'à eux. Elles attendent leur tour au milieu des ossements et des abats épars, des carcasses en cours de combustion, des boues sanguinolentes. À Paris, l'un de ces ateliers accueille 13 000 chevaux en 1855. Ils recueillent aussi les ânes et les mulets, les chiens, voire les chats, toutes bêtes qui ne se mangent pas et dont les cadavres, de plus en plus nombreux, sont laissés sur la voirie, jetés sur les tas d'ordures au coin des rues ou dans les cours d'eau. Cela oblige peu à peu les municipalités à organiser leur évacuation.

NAISSANCE DE L'EMBOUTEILLAGE

Les rues des villes sont donc de plus en plus animées par d'incessantes allées et venues de bestiaux, de chiens vagabonds ou tireurs de charrette, d'ânes et de mulets bâtés ou attelés et surtout de chevaux. Auparavant, les embarras provenaient surtout de l'étroitesse des rues, qui interdisait à deux voitures de se croiser ou aux livraisons de s'effectuer sans obstruer la voie. Au milieu du XVIIIe siècle, le premier essor des transports attelés rendit la situation intenable et eut pour résultat l'élargissement des rues, puis la création de larges avenues et d'immenses boulevards au XIXe siècle. L'explosion du trafic se traduit alors par une circulation de plus en plus diversifiée et chaotique : piétons, cavaliers, voitures, camions, omnibus se côtoient sans discernement. La situation empire à la fin du siècle avec l'automobile, dont la rapidité rend la voiture à cheval encombrante. Ainsi apparaissent les embouteillages par trop-plein de véhicules, notamment le long des promenades mondaines comme les Champs-Élysées, autour des théâtres, des grands magasins, des gares, des halles et des entrepôts. Même dans les villes moyennes, où les voitures individuelles sont moins nombreuses, les embarras deviennent sensibles dans la seconde moitié du XIXe siècle avec le développement des transports en commun et des camions attelés. Ils sont tout aussi réels dans les chefs-lieux de canton à l'heure d'arrivée du train ou le jour du marché, lorsque convergent les véhicules des environs et que s'entassent bêtes et voitures de toute part.

Les animaux divagants causaient depuis longtemps des accidents ; mais ceux-ci deviennent plus fréquents avec le nombre croissant des attelages : les bêtes épuisées s'abattent sur leurs maîtres ; les montures excitées répondent à coups de sabot ; les animaux insuffisamment maîtrisés par des conducteurs mal formés s'emballent, renversent, écrasent ; sans parler des tentatives de suicide sous les roues des omnibus lancés au trot...

CI-DESSUS
Agent réglant la circulation à Paris, début du XXe siècle. La circulation était diverse (piétons, voitures hippomobiles collectives ou individuelles, et premières automobiles), mais le cheval était omniprésent.

CI-CONTRE
Les embarras de Paris, gravure, vers 1720. À l'inverse, ici, les piétons dominaient. Remarquons les multiples mentions de port à dos d'homme (seau, panier, sac, chevalet) et de véhicules à bras (voiture tirée, chaise à porteurs, brouette).

Vous y allez M.r l'abbé
attends nanan friand
les fruits de la guerre
gribouille
il faut avoir chaud par tout
la présidente
la masette
arête ou je te tuë
bon Vinaigre
avance et tire ils vont
tout beau mon ami
y brûle
gare
bée
nac nac
Range toi donc
diable soit du panier ma marchandise est perdue

GYMNASIUM
BAINS
BYRRH
VIN TONIQUE
HYGIÉNIQUE
VIOLET FRÈRES
TONIQUE HYGIÉNIQUE
BYRRH
QUINQUINA

CI-CONTRE
Embouteillage sur les grands boulevards parisiens, fin du XIXe siècle. Fiacres à gauche de la rue ; omnibus à impériale à droite. Cette photographie rappelle que la possession d'un cheval en ville nécessitait d'avoir de la place chez soi, ce qui était rarement le cas, et donc que l'usage abondant du cheval était avant tout collectif.

UNE VIE PARMI LES BÊTES

« On tourna par la petite rue des écuries. Les chevaux reniflaient et tapaient du pied. Des chèvres tiraient sur la chaîne. Des agneaux réclamaient la mamelle. [...] Il n'y avait plus que notre pas dans la ville. Nous traversions le quartier paysan. Sur le pavé, la boue des plaines ; la terre des collines séchait en grosses mottes. »

JEAN GIONO, *Jean le Bleu*, 1932.

L'INTIME PROMISCUITÉ

Les bêtes n'encombrent pas seulement les champs et les rues, elles envahissent aussi les maisons et les immeubles. Cette présence intime n'est pas nouvelle en ville mais elle devient plus intense. Ce sont plus d'animaux de compagnie dans les appartements, et donc plus de parasites (rats, souris, chiens et chats errants), attirés par une nourriture de plus en plus abondante, qui arpentent couloirs, cours et toits. C'est une multiplication de chevaux et d'écuries au fond des cours des auberges, des hôtels particuliers, des immeubles de prestige, ou de petits abris, voire de simples attaches dans les recoins des cours ou des caves pour les canassons et les mules des gens modestes. C'est encore la prolifération de bovins et d'étables, de porcs et de porcheries dans les cours. C'est une multitude de lapins, de dindes, de poules, de porcs, élevés par des particuliers dans les cours, dans les caves, dans les greniers ou dans leurs pièces à vivre, pour subvenir à leurs besoins ou les revendre sur les marchés. Ce sont enfin les nombreux troupeaux de porcs, moutons et chèvres, logés dans les arrière-cours des immeubles pour une saison de traite, avant une vente ou un abattage.

D'où l'omniprésence du foin, de la paille, du fumier et des excréments dans les couloirs, les cours, les rues. Celles-ci sont recouvertes d'une couche de boue, sèche et poussiéreuse en été, fangeuse par temps de pluie, salissant tout, et augmentant chaque année comme le trafic. Nombre de villes prennent un air de village et beaucoup d'immeubles une allure de ferme.

En effet, la vulgarisation du cheptel uniformise les fermes et les villages en généralisant des aspects autrefois réservés à tel ou tel particulier. La paille et le foin débordent des granges, les tas de fumier trônent dans les cours, dans les rues et sur les places communales, et partout s'accumule la boue épaisse alimentée par les excréments et piétinée par les animaux autour des fermes mais aussi des maisons. Car la diffusion du cheptel concerne aussi les ouvriers agricoles sans terre, les artisans, les commerçants, les petits notables, qui, pour satisfaire les besoins familiaux, logent des volailles, un porc, une chèvre, une mule, un âne, un cheval dans une remise, une cave, une petite étable de rue.

CI-CONTRE
Dans un square à Paris, sous l'Occupation, 1944. Les restrictions et les privations alimentaires durant la guerre amplifièrent un temps l'élevage urbain du petit bétail et des volailles. Et mieux valait tenir sa bête pour ne pas la voir disparaître !

CI-CONTRE

Charles Hunt, *Un excellent vêtement*, 1890.
Cette ferme anglaise, de la première moitié du XIXe siècle, montre que la vie avec les bêtes était un phénomène européen.

CI-CONTRE
Paris, les Vieilles Buttes, vers 1900. La demande croissante en lait frais conduisait à tenir des vaches au plus près des villes et même à l'intérieur pour les plus grandes cités.

La promiscuité avec les hommes est encore renforcée par l'architecture des bâtiments, souvent d'un seul bloc avec des étables placées au-dessous ou à côté des pièces à vivre, une seule cloison ou un simple plancher séparant les bêtes et les hommes afin que ceux-ci profitent de la chaleur animale. La modestie des habitants ou la rudesse du climat accentue le rapprochement : en Bretagne, dans les Alpes et le Massif central, certaines fermes ont une seule porte d'entrée, voire une pièce unique, pour les hommes et les bêtes. À l'inverse, dans les grandes exploitations du Bassin parisien, les logements sont répartis dans des bâtiments différents. Avec l'enrichissement des campagnes, les constructions de l'entre-deux-guerres tendent à remplacer la mince cloison de séparation par un mur, quelquefois dépourvu d'une porte de communication.

Il reste qu'une vie commune se vulgarise et s'intensifie : les bêtes pénètrent partout – mais cette habitude recule au XXe siècle ; les portes de séparation restent ouvertes pour mieux lutter contre le froid ; les hommes s'installent dans les étables pour le bricolage d'hiver ou les veillées autrefois organisées chez les seuls aisés dotés de bêtes.

ODEURS, CRIS ET BRUITS

La présence croissante des bêtes se traduit par la création ou le développement d'un univers olfactif particulier, composé de fortes odeurs de laine et de cuir, d'urine et de fiente, de paille et de foin, de fumier et de boue. Ces odeurs sont d'autant plus prégnantes que les lieux, les chaussées et les bêtes ne sont guère nettoyés, les litières peu renouvelées, la boue et le fumier lentement évacués. La situation perdure plus ou moins

Rebuts du Riche, Trésors du Pauvre

LA RONDE DE NUIT DES POUBELLES

L'enlèvement nocturne des ordures ménagères, mis à l'essai dans les quartiers riches, où les habitants sont appelés à rentrer souvent chez eux fort tard, a provoqué de vives protestations. On conçoit l'ennui éprouvé par ces élégantes personnes en robes de soirée, devant les boîtes d'immondices accumulées sur leur passage.

CI-CONTRE

Nicolas Tournier, *La ronde de nuit des poubelles*, illustration de presse, vers 1920. Alors que le nombre des bêtes augmentait en ville, les élites sociales affichèrent une sensibilité croissante aux odeurs et aux déchets. Cela se traduisit par une chasse aux animaux errants et une progressive évacuation du cheptel.

CI-CONTRE ›
Ramasseuses de paille
aux Halles, Paris, 1920.

jusqu'au milieu du XXe siècle, même si le nettoyage des rues est initié dans les grandes cités à la fin du XIXe siècle.

En ville et en périphérie, s'ajoutent les multiples odeurs des traitements industriels. En 1896, une commission d'hygiène différencie les odeurs locales (déchets des abattoirs et des équarrissages, peaux des tanneries), celles qui portent plus loin (graisse fondue et huile distillée), et celles qui se répandent partout (cuir et corne torréfiés, engrais organique fermenté, superphosphate). Toutes ces odeurs sont remarquées par les élites, de plus en plus sensibles aux émanations âcres et fortes. Mais elles restent acceptables dans la mesure où la majorité de la population ne témoigne pas encore de répulsion et parce qu'elles sont associées à une amélioration du quotidien, qui les rend anodines ou supportables.

Plus de bêtes, c'est aussi un paysage sonore plus intense avec la multiplication des cris, des bruits de mastication, de déjection, de pas, de chaîne, qui emplissent les étables, les rues, les chemins, les champs, et redoublent durant les foires, près des gares ou des abattoirs. Ce sont aussi les chants des bergers et des vachers le long des sentiers ou dans les champs, leurs exclamations pour conduire, surveiller et rassembler, les onomatopées des paysans qui commandent, encouragent, réprimandent les bêtes tirant charrues, machines et tombereaux, les ordres des conducteurs de charrois, de voitures, de diligences, d'omnibus, pour faire redoubler d'efforts ou varier les allures. Partout les fers des sabots, des roues ou des chaînes retentissent sur la pierre des chemins et le pavé des rues ; un roulement fracassant et incessant se répercute dans les villes et ébranle les maisons. Ces bruits sont aussi des messages pour les gens alentour ; ils renseignent sur la présence des hommes, sur leurs relations et leurs occupations ; ils disent les efforts et les états d'âme, de l'entrain au dépit pour les hommes, du désir à la peur pour les bêtes.

NOUVEL ESPACE, NOUVEAU TEMPS

En étant créés ou amplifiés, ces paysages sonores, olfactifs, animés caractérisent l'espace local, différencient les lieux : quartier paysan rempli d'odeurs et de bruits, rue pleine des convois de voitures ravitaillant les halles, parc agrémenté du trot léger des montures, landes retentissant des bêlements des moutons et des tintements de leurs clochettes... L'espace est aussi ponctué par les multiples métiers liés aux animaux, dont le nombre, la spécialisation et les représentants augmentent jusqu'au début du XXe siècle. Du cocher au mineur, du palefrenier au vétérinaire, du maréchal-ferrant au livreur de fourrage, du charron au sellier, du boucher au tanneur, du chiffonnier au gadouilleur, cette abondante population envahit villes et villages, en se regroupant souvent par affinités en des lieux précis.

Toujours plus nombreuses et plus bruyantes, les allées et venues régulières des bêtes ponctuent le temps et font office de repères aussi efficaces que la position du soleil. Et pour tous ceux, de plus en plus nombreux, qui vivent et travaillent avec des bêtes, le quotidien est recomposé selon le rythme des animaux : heures de lever, de sortie, de repos, durée des trajets ou des travaux. Les bêtes imposent de nouvelles tâches comme nourrir, traire, nettoyer, soigner. La vie des fermières est ainsi transformée par l'arrivée ou la multiplication des volailles, des lapins, des porcs et des vaches, dont l'entretien leur est souvent confié. La vie rurale est

CI-CONTRE

Abreuvoir pour chevaux, Paris, vers 1900.
La construction des quais, au XIXe siècle, entrava l'accession aux berges pour abreuver les chevaux. Heureusement, l'inventivité tous azimuts de ce siècle du Progrès vint à leur secours ! Diffusion des fontaines pour les hommes, des abreuvoirs pour les bêtes : un exemple du parallélisme des conditions.

PAGES SUIVANTES

Bains des chevaux sur les bords de Seine, vers 1900. Comme le précédent, cet exemple montre à quel point le temps de travail était rythmé par les besoins des bêtes. L'abondante sueur des chevaux au travail, l'infiltration dans leur robe de poussières, débris et parasites incitaient à les baigner pour limiter les démangeaisons, les irritations et les maladies de peau.

bouleversée par les saisons des fenaisons et des regains, qui s'imposent et se développent partout, mobilisant une main-d'œuvre considérable pour le fauchage, le séchage et le stockage des foins. Le temps est ainsi resegmenté et intensifié car l'animal augmente le travail de l'homme et l'attache au travail, à l'heure d'une révolution industrielle et agricole dont il est l'un des principaux moteurs.

Le temps et l'espace sont aussi raccourcis par la démocratisation du transport attelé qui permet d'aller plus vite, plus loin et plus souvent, qui accélère la vie économique et la sociabilité en multipliant les contacts. Ce moyen de locomotion constitue une première révolution avant celle de la bicyclette puis celle de l'automobile.

CI-DESSUS
Un toiletteur à Paris, vers 1900. Un aimable exemple de ces multiples métiers qui fleurirent avec la multiplication des bêtes.

CI-CONTRE
L'omnibus manqué !, gravure allemande, vers 1840. En terres allemandes aussi, le transport hippomobile contracta le temps, obligeant à respecter des horaires ou faisant traverser les lieux à vive allure.

Cajetan del. — And. Geiger sc.

*He Omnibus! guter Freund! – Um Gottes Willen halten! Ich muß heute noch nach Baden! –
Was würde meine Frau für einen Lärm machen, wenn sie ihre Chemisetten nicht bekäme!*

Wien im Bureau der Theaterzeitung, Rauhensteingasse Nº 926.

4. LE CHAMBOULEMENT SOCIAL

SE DISTINGUER PAR L'ANIMAL

« Et le notaire causa un instant encore, demandant le prix du blé, en baisse depuis deux mois, témoignant à Delhomme la considération amicale due à un cultivateur qui possédait une vingtaine d'hectares, un serviteur et trois vaches. »

ÉMILE ZOLA, *La Terre*, 1887.

LA GLOIRE DE POSSÉDER

Avec la diffusion des bêtes, les clivages s'amplifient entre ceux qui ont des animaux et ceux qui n'en ont pas. Des hiérarchies s'instaurent entre propriétaires d'espèces ou de races différentes. Tout cela accentue une hiérarchisation sociale par l'animal, qui n'était pas aussi générale auparavant. Un bon exemple concerne le monde rural, où la distinction entre ceux qui ont du bétail et ceux qui n'en ont pas reste commune et forte jusque vers 1870 pour caractériser riches et pauvres. Cette distinction est alors remplacée par une autre, entre propriétaires de gros (équins, bovins) et de petit (ovins, caprins, porcins) bétail. Alors que c'était loin d'être habituel aux XVIIe et XVIIIe siècles, posséder quelques moutons, porcs ou chèvres qu'on ne peut faire paître que le long des chemins et sur les communaux, souligne désormais la pauvreté des foyers, notamment des journaliers sans terre, nombreux jusqu'à l'exode rural et la guerre de 1914. Le clivage entre les propriétaires d'animaux de trait et ceux qui n'en disposent pas devient tout aussi criant, et insupportable à beaucoup, car il oblige les seconds à solliciter les premiers pour aider aux travaux. Ce qui incite à s'équiper en bêtes même si ce n'est pas rentable.

Le nombre de têtes de gros bétail ou la spécialisation des animaux de trait accentue aussi les distinctions sociales. Ce n'est pas la même chose de posséder une vache polyvalente, économique, et un bœuf monovalent, coûteux mais prestigieux, ou encore des bovins, qu'on finit toujours par manger, et des chevaux, des ânes ou des mulets uniquement voués au travail. Et la distinction joue encore entre les nobles chevaux et les modestes ânes et mulets, ou entre les diverses races de chevaux de trait. Ainsi les viticulteurs des bords de Loire, à la fin du XIXe siècle, recherchent-ils de grands et de beaux chevaux, pas forcément adaptés au travail de la vigne mais aptes à signaler le rang du maître.

La consommation de viande amplifie elle aussi des clivages qui étaient moins fréquents aux XVIIe et XVIIIe siècles, époque de pénurie de viande. Les différences deviennent importantes entre les villes et les campagnes. En 1852, la consommation est de 10 à 20 kg par personne et par an à la campagne, de 72 kg à Paris. Porc séché et salé, pain, pomme de terre, chou deviennent

PAGES PRÉCÉDENTES
Une exposition canine vers 1920 en Italie. Initiées partout en Europe dans la seconde moitié du XIXe siècle, les expositions canines étaient le fait des élites sociales, aristocratiques et bourgeoises. L'originalité des espèces et la qualité des individus présentés valorisaient le désir de distinction sociale.

CI-CONTRE
Jules Bastien Lepage, *Pauvre fauvette*, 1881. Ce fut l'époque où la possession d'une seule vache, envoyée sur les pâtures communales et gardée par un enfant, devint un signe de pauvreté alors qu'elle indiquait une certaine aisance quelques décennies plus tôt.

PAGES PRÉCÉDENTES
Bouchers prenant livraison d'un bœuf, vers 1920.
La famille paysanne, en partie endimanchée, posa devant l'objectif avant que le bœuf, vendu aux bouchers, fût emmené. On exprimait ainsi la fierté d'avoir produit une belle bête.

CI-CONTRE
Affiche publicitaire pour le « véritable extrait de viande Liebig », seconde moitié du XIXe siècle. Ce genre de produit industrialisé marqua la diffusion sociale d'une cuisine à base de jus de viande.

les symboles de l'alimentation rurale et la singularisent jusqu'au milieu du XXe siècle, où le déclin de l'abattage familial, le recours au boucher, le désir d'imiter les villes convertissent aux viandes urbaines. Car les villes préfèrent les bovins et les moutons, que les paysans délaissent pour les vendre, les volailles et les poissons. La façon de les consommer révèle d'autres clivages. La bourgeoisie a le goût de la diversité – même si le bœuf domine –, de la jeunesse, de la fraîcheur et de l'abondance qui s'exacerbe dans les repas pantagruéliques des jours de fête ou des restaurants. Cette abondance célèbre le plaisir de la sécurité alimentaire, la puissance économique et sociale, et la mode est aux ventres proéminents. Petite-bourgeoisie, employés, ouvriers mangent moins, mais de plus en plus après 1850 et plus que dans le monde paysan. D'ailleurs, l'alignement sur l'alimentation de ce dernier, en cas de difficulté économique, est ressenti comme une déchéance. En temps normal, il s'agit de viandes plus âgées, plus dures, moins fraîches et moins réputées : vache plutôt que veau ou bœuf, poisson d'eau douce plutôt que d'océan, mouton, voire cheval après l'autorisation de l'hippophagie en 1866, qui rallie une petite bourgeoisie économe.

LE BESOIN DE PARADER

Lorsque l'animal est plus répandu, la différenciation s'inscrit dans son utilisation. Ainsi, ce n'est pas la même chose de posséder un cheval pour travailler ou pour le monter et se promener. La spécialisation des chevaux souligne cette différence dans les anatomies : lourds chevaux

CI-CONTRE

« Né pour la peine, l'homme de village », estampe du XVIIIe siècle. Le travail est surtout illustré par les animaux. Remarquons l'allure « ancienne » du cochon.

Foire aux Jambons.

Lard. — Saucissons. — Cervelas. — Langue fourrée. — Jambon. — Hure de Sanglier préparée.

Brosses diverses. — Tête de Loup. — Soies pour cordonniers. — Balais. — Brosses et Cirage. — Pinceaux divers.

Le Cochon mange et utilise tout ce que les autres animaux ne veulent pas.

Fumier de porc pour engrais.

Dessiné par MM. Belin et Bethmont et gravé par M. Badoureau.

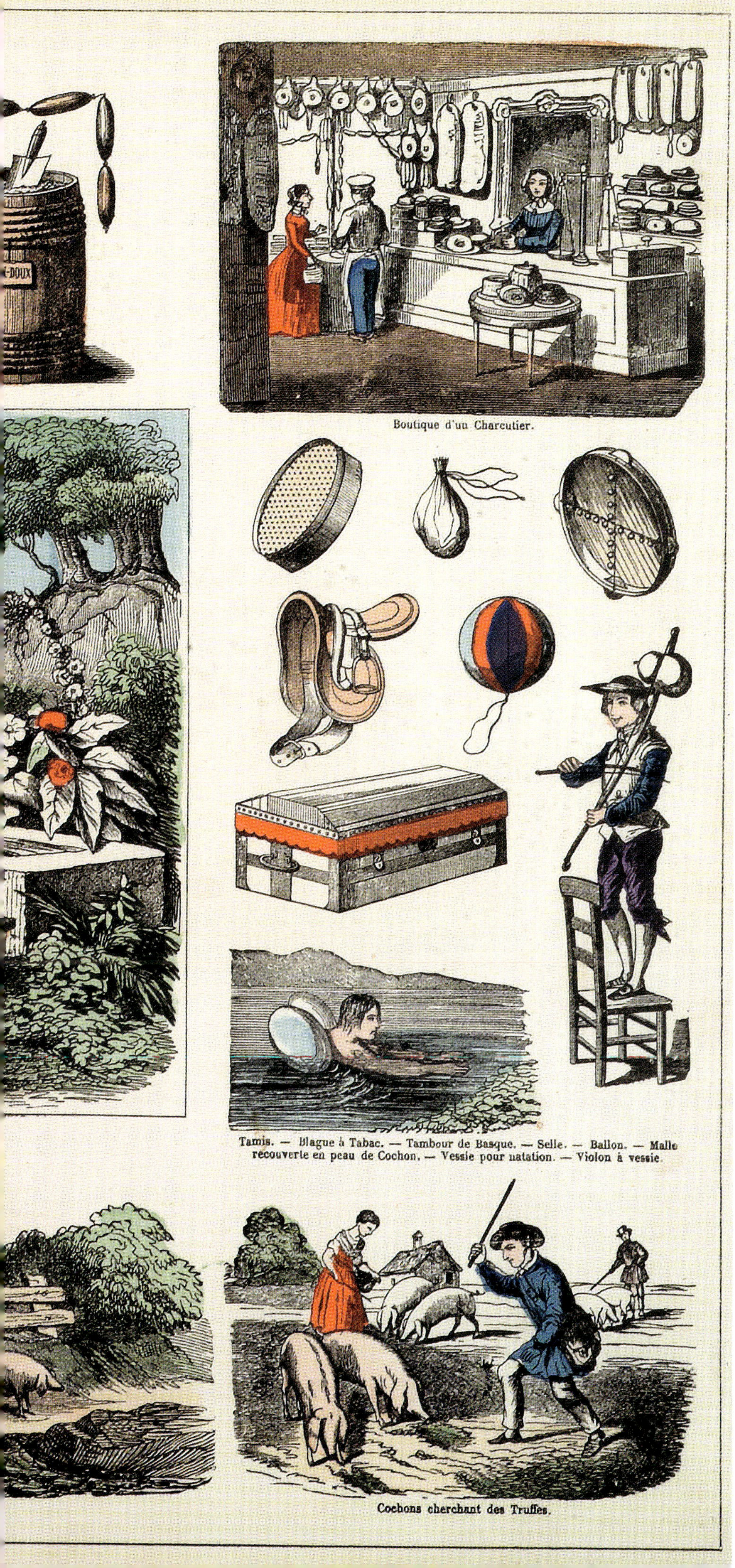

CI-CONTRE
« Le cochon », illustration parue dans les *Récréations instructives* de Jules Delbrück, en 1860-1863.
L'image illustre la place croissante du cochon, à la fois par le travail qu'il nécessitait, bien plus important qu'autrefois avec son élevage clos dans les soues, et par les multiples aliments et objets qu'on produisait avec lui.
Ce n'est pas un hasard si les injures « porcines » augmentèrent alors en nombre et en usage (andouille, tête de lard, gros lard, boudin...).

pour le trait, plus fins pour les voitures individuelles, légers pour l'équitation avec une différence entre les chevaux ronds de la moyenne bourgeoisie, qui accède au cheval de selle, et les anguleux pur-sang des élites, qui maintiennent ainsi la distance avec les imitateurs. En effet, bien que savoir monter, avoir cheval et voiture constituent un sommet de la distinction, il existe à ce niveau d'infinies possibilités de se démarquer par le choix des races équines et des modèles de véhicules. D'où le succès des produits anglais, dont le coût, la rareté, l'étrangeté permettent de se singulariser. D'où les soins portés aux bêtes et aux écuries où brillent l'hygiène et la rationalité, maîtres mots de la modernité, car le lustre des chevaux et celui des voitures signalent le rang du propriétaire. D'où le triomphe des promenades, à cheval ou en voiture, dans les parcs et sur les avenues, pour afficher son statut social.

De la même manière, aristocratie et bourgeoisie privilégient les chiens de race pour se différencier des propriétaires de corniauds, et elles prônent la possession pour le seul plaisir, sans contrepartie utilitaire. On choisit les races avec précaution et on les renouvelle pour se démarquer des parvenus ou des petits-bourgeois : carlins sous l'Empire, épagneuls ou caniches sous la Restauration, lévriers sous la monarchie de Juillet, à l'heure du retour à la vénerie, carlins à nouveau vers 1880 alors que les nouveaux riches choisissent l'exotisme (danois). Cette incessante distinction est rendue possible par des créations de races, des retours à d'anciennes races, des quêtes de races exotiques ou de races rurales auxquelles le passage d'une fonction laborieuse au seul rôle d'animal de compagnie confère une dignité nouvelle.

Cette course à la distinction s'inscrit dans le paysage urbain : les quartiers aisés affichent de nobles montures, de belles écuries, du bon crottin, des selleries de luxe ; les quartiers et les périphéries prolétaires se couvrent d'étables, d'ateliers d'équarrissage, de boyauderies, de tanneries, de bouses et de déchets.

Cette utilisation sociale de l'animal domestique explique en partie la création et le succès des concours et des expositions d'animaux de race, de bestiaux et de chevaux, de chiens (1863) et de chats (1896). Initiées par des notables souvent regroupés en cercles (Cat Club de France, 1913), adoptées par la bourgeoisie et les éleveurs, ces manifestations exhibent le savoir-faire et l'appartenance à un groupe. Les élites proclament aussi leur habileté et leur goût du progrès par l'expérimentation de nouveaux procédés : élevage rationnel, voire industriel, dans des exploitations modèles ; abattage à la chaîne (Lyon, 1928) ; capitaux par actions pour les sociétés des jardins zoologiques.

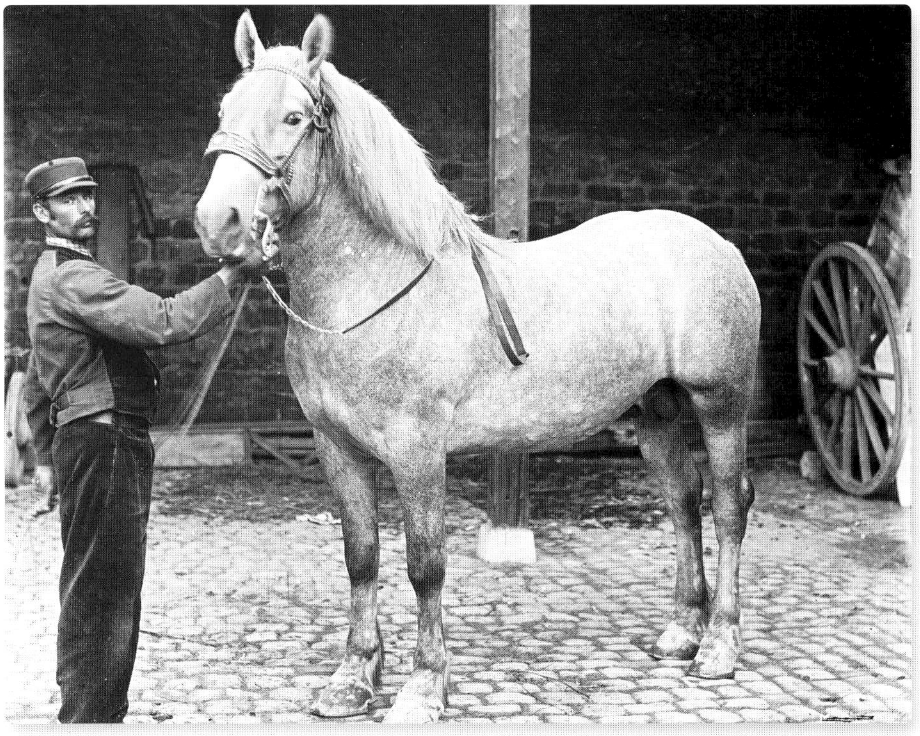

CI-DESSUS
Cheval de trait, début du XXe siècle.

CI-CONTRE
Charles Carolus-Durand, *Portrait équestre de Mademoiselle Croisette*, 1873. Qu'il fût de trait ou pur-sang, le cheval était un objet de fierté et un prétexte à la parade. La large diffusion sociale de la « plus noble conquête que l'homme ait jamais faite » (Buffon) fonctionna comme le symbole de la mainmise de l'homme sur la nature, que l'époque vécut comme une obligation, et de la capacité humaine à lui faire servir la société.

LE PLAISIR DU PORTRAIT

La fierté de montrer suscite la mode du portrait conjoint de la bête jugée exceptionnelle et de son maître, qui lui aussi fait figure d'exception. La pratique avait commencé sous l'Ancien Régime pour les chevaux et les chiens de chasse appartenant aux monarques et aux princes. Elle est amplifiée, surtout après 1820, par les élites pour leurs pur-sang, leurs chiens et leurs chats racés, de chasse ou de compagnie. Elle est imitée par la bourgeoisie et par des éleveurs d'importance pour leurs bestiaux primés. Les portraits de taureaux, de porcs ou de béliers d'exception étaient apparus en Grande-Bretagne au XVIIIe siècle, à l'heure de la révolution agricole de ce pays et à la demande de ses éleveurs, fiers de leur travail. L'usage se développe en France entre 1880 et 1940 : des tableaux, commandés à des artistes régionaux, ou des photographies, moins coûteuses, représentent bête et maître, posant fièrement côte à côte.

CI-CONTRE »
Couple avec ses chiens de concours, Londres, vers 1920. Quelle que fût sa fonction, l'animal était toujours apprêté par son propriétaire : crinière et robe épaisses, afin de protéger du froid, pour le cheval de trait des rudes paysans ; crinière coupée et robe tondue pour le pur-sang des élégants cavaliers (pages précédentes) ; petit imperméable fonctionnel dans le crachin londonien pour ces chiens et une maîtresse adepte de la modernité !

L'ÉCLATEMENT DES ATTITUDES

« On conservait, par charité, dans le fond de l'écurie, un très vieux cheval blanc que la maîtresse voulait nourrir jusqu'à sa mort naturelle, parce qu'elle l'avait élevé, gardé toujours, et qu'il lui rappelait des souvenirs. »

GUY DE MAUPASSANT, *Contes du jour et de la nuit*, 1885.

UNE VIOLENCE QUOTIDIENNE

L'omniprésence des bêtes suscite des réactions diverses de la part des hommes, que leur appartenance à tel ou tel milieu n'explique pas entièrement. Si la violence semble plus fréquente dans le monde populaire urbain, la rudesse amicale dans les campagnes et la retenue dans la bourgeoisie, chacune de ces attitudes se rencontre partout. D'autres facteurs interviennent, notamment la psychologie de chaque individu et son sexe, les hommes paraissant plus violents que les femmes.

Ainsi, on assiste à un déploiement de violence avec la dureté des travaux multipliés, la férocité des jeux adoptés, la brutalité quotidienne. Celle-ci n'est pas nouvelle mais devient plus fréquente parce que les bêtes sont plus présentes et plus utilisées. La violence est surtout le fait des utilisateurs d'animaux, qui leur demandent toujours plus et qui font preuve envers eux de la même brutalité qui règne alors dans les rapports humains : la colère, la fureur, la force étant souvent le moyen d'exprimer des tensions.

Les chiens des fermes, des artisans ou des rues sont ainsi rudement menés : à peine nourris, dressés à coups de bâton, frappés, mutilés ou tués s'ils violentent le bétail, ne travaillent pas assez ou deviennent trop coûteux, notamment lorsque, devenus vieux, ils ne servent plus à rien. Dans les fermes, les bêtes sont tuées de façon à ce que leur viande soit meilleure, et rarement d'une manière rapide : les dindons sont garrottés afin que les affres de la mort améliorent le goût de la chair ; les porcs sont lentement vidés de leur sang ; les poules sont saignées par une entaille de

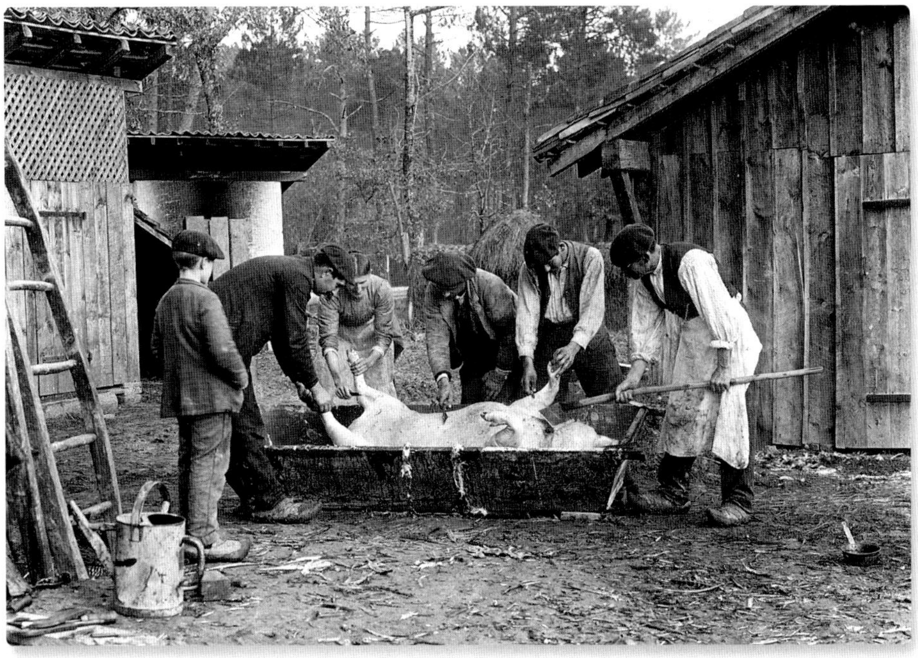

CI-DESSUS
La saignée du cochon, 1908. Ou l'agonie lente ponctuée par les cris de l'animal.

CI-CONTRE
Illustration de Théophile Steinlen, 1905. La violence sur les chevaux fut l'une des conséquences de leur vulgarisation.

— *Ah! tu m'as fait foutre une contravention, toi!!!...*

la langue et les lapins par un œil arraché pour ne pas gâter un morceau. L'accélération des transports multiplie les occasions de violence sur le bétail, conduit à marches forcées ou entassé dans les convois, maltraité pour aller plus vite, à peine alimenté avant l'abattoir. L'essor de l'abattage rend plus fréquentes les brutalités pour augmenter la cadence de ce travail payé à la tâche, ou tout simplement pour détendre les employés.

Dans les transports et l'industrie, chevaux et mulets, plus nombreux donc plus communs, subissent des coups sur le ventre et sur les yeux. Les blessures sont entretenues pour faire activer malgré la fatigue due aux charges et à la cadence. L'alimentation et les soins sont souvent réduits pour gagner plus, par volonté de compétitivité ou à cause de difficultés financières. La violence est amplifiée parce qu'une partie des cochers ne se soucie pas de la psychologie des bêtes et les traite comme des machines, cherchant même à les exploiter jusqu'à l'extrême fin parce qu'elles ne sont pas bêtes de boucherie. Ainsi se mêlent des causes économiques et le sadisme d'un monde violent, qui se libère de toutes contraintes face à des êtres vivants jugés sans valeur, comme l'illustrent les brutalités exercées par des enfants et vécues comme un des éléments du passage à l'âge adulte !

L'ATTENTION À L'ANIMAL FAMILIER

Pourtant, certains cochers, hommes ou femmes, soignent, ménagent, cajolent leurs bêtes. Ils sont recherchés par certaines compagnies, conscientes de la nécessité de préserver le capital animal et qui essaient, dans la seconde moitié du XIXe siècle, de favoriser la stabilité et l'harmonie du couple animal-conducteur.

Dans les campagnes, la diffusion du cheptel jusqu'aux paysans modestes, la prédominance des petits troupeaux, le recours quotidien

CI-CONTRE
Illustration de Régnier, première moitié du XIXe siècle. Lorsqu'ils tiraient une lourde charge sur un terrain en pente, les chevaux baissaient la tête et l'encolure pour mobiliser les muscles de l'arrière-train et de l'avant-train.

à une étable insérée dans l'habitat, à un pâturage privé, à un gardiennage familial, favorisent une plus grande attention des propriétaires, voire une intégration du bétail à la famille. Il y a là une inflexion par rapport au passé, car la fréquente relégation des troupeaux dans les incultes une partie de l'année ensauvageait les bêtes et distendait les relations, sauf pour les animaux utilisés dans le travail quotidien. Dans les Pyrénées ariégeoises, la mutation de l'élevage à la fin du XIXe siècle change le statut des bêtes : les vaches d'autrefois, rejetées dans les marges, étaient considérées sauvages et méchantes ; celles du temps, qui vaquent autour des fermes, sont jugées intimes et douces.

En réalité, cette attention varie selon les animaux. Les porcs, les lapins et les volailles, destinés à être vite consommés, sont rarement concernés à la différence des chevaux ou des bœufs de trait, utilisés pendant de longues années, et de l'espèce dominante dans chaque région : ovins dans les Cévennes, chèvres en Diois, vaches laitières en Auvergne... Ces animaux sont souvent nommés, notamment s'ils sont en petits groupes, avec des mots qui évoquent la couleur de leur robe, leur psychologie, leur importance (Blanchette, Douce, Marquise...). Les noms des chevaux disent la place privilégiée qu'ils occupent, leur caractère, ou reprennent ceux de célébrités ou de femmes de leur entourage (Bijou, Bella, Gamin, Fanny...). Ces noms établissent une complicité entre l'homme et l'animal, engagent à parler aux bêtes pour mieux les guider et illustrent la différence de traitement avec le reste du cheptel, appelé par des claquements de langue, des sifflements ou des cris.

Un traitement privilégié, moins courant autrefois, s'ajoute à cette individualisation de l'animal en lui réservant une meilleure place

CI-CONTRE
Publicité pour des biscuits pour chiens, début du XXe siècle. L'industrialisation de l'alimentation concerne aussi l'animal de compagnie, dans la foulée de celle de l'homme.

à l'étable, une alimentation et des soins plus abondants, un maternage des petits, une participation aux fêtes familiales ou locales. Dans les Cévennes, les ovins des petits troupeaux peuvent être associés aux fêtes et aux deuils (ration supplémentaire, crêpe), ou visités dans les estives le dimanche, tandis que certains béliers bénéficient d'une retraite au lieu d'être abattus. Ce refus d'abattre des chiens, des chevaux, du bétail ayant bien servi est mentionné à partir du début du XIXe siècle. Il dévoile une aisance croissante, permettant de nourrir des bouches inutiles, et témoigne d'une réelle incorporation de l'animal à la famille.

Le phénomène est toutefois contenu par les normes sociales. En Provence, l'âne peut être bien nourri, voire bichonné pour les fêtes, mais le soin quotidien est ridiculisé. Le cochon, de plus

CI-CONTRE
« La petite bergère », cahier d'élève, collection Godchaux, vers 1875-1895. La protection des animaux était souvent évoquée dans les écoles primaires de la IIIe République. Des classes participaient à des concours organisés par la SPA.
Ici, l'agneau est le symbole de l'innocence et de la douceur animale. La violence des hommes n'est évoquée qu'indirectement, par l'agression d'un chien, son compagnon.

LA PETITE BERGÈRE

Soyez sensibles aux souffrances des animaux et pansez leurs blessures.

Virginie est au comble de la joie, car son papa, pour la récompenser de ce qu'elle a été bien sage, lui a acheté un joli petit agneau qu'elle prend plaisir à conduire elle-même aux champs.

Après avoir choisi un endroit où l'herbe est belle et tendre, Virginie s'assied, tenant son mouton à l'aide d'un joli ruban bleu, qu'elle lui a passé autour du cou.

Elle le soigna si bien que ses blessures furent vite cicatrisées.

Est-ce reconnaissance ou instinct? je ne sais? Mais, chaque fois que Virginie est près de son cher mouton, celui-ci lui fait mille caresses.

Un gros chien qui l'avait suivie et qu'elle n'avait point vu se précipite sur le pauvre agneau et le mord à pleines dents; la pauvre petite bête pousse des cris plaintifs.
Virginie affolée appelle au secours

Enfin le chien s'enfuit! Virginie prend dans ses bras le pauvre agneau tout meurtri dont la toison si blanche est tachée de sang et le rapporte à la maison pour panser ses blessures. De grosses larmes coulent sur les joues de Virginie.

en plus élevé à la ferme avec soupes et bouillies, est plus méprisé qu'autrefois pour éviter l'infantilisation, affirmer l'animalité, justifier l'abattage. Nulle part l'attachement à l'animal n'empêche une rudesse ordinaire, jugée normale et nécessaire, même entre les hommes. D'ailleurs, cette attention portée aux bêtes est souvent guidée par le coût de l'investissement, les revenus attendus et la catastrophe que représente une mort prématurée. Il reste que l'attention est loin d'être commune : violence et cupidité régissent encore nombre d'élevages. Ces attitudes diverses sont dues à des différences de psychologie entre paysans ou entre hommes et femmes, celles-ci paraissant faire plus souvent preuve d'attention, d'intimité, et de pondération.

L'HUMANISATION DU COMPAGNON

Face à la violence quotidienne et pour se démarquer des pratiques populaires, les élites accentuent leur sollicitude pour leurs chevaux. Le perfectionnement des soins, de l'alimentation et de la propreté augmente à mesure que le souci d'hygiène s'impose dans ce milieu social. Les écuries bénéficient des mêmes améliorations en commodités, en superficie et en compartimentage qui affectent l'habitat bourgeois. À l'attache des animaux côte à côte succèdent les stalles individuelles puis les box fermés au XXe siècle. Mais il ne s'agit pas seulement d'une volonté de se distinguer des autres : la mode du portrait ou la tentation d'inhumer son cheval au fond du domaine rendent compte d'une véritable individualisation du cheval et de l'attachement affectif de son maître.

C'est encore plus vrai pour le chien et le chat, plus répandus, plus présents, peu à peu intégrés à la famille. Ainsi le chien est-il évoqué dans les conversations et les correspondances, célébré par l'usage croissant du portrait, et choyé. Son alimentation est enrichie au gré de l'élévation du niveau de vie et de la diversification des denrées : les traités d'éducation canine autorisent les eaux grasses et la chair crue dans la seconde moitié du XIXe siècle. Le toilettage se développe en même temps que l'hygiène pour les hommes. La médicalisation commence à la fin du XVIIIe siècle dans les nouvelles écoles vétérinaires, créées pour le cheval et le bétail, mais qui voient aussitôt le chien occuper le deuxième rang, derrière les équidés. L'inhumation, initiée dans l'aristocratie d'Ancien Régime, se répand dans la bourgeoisie. Elle est effectuée le plus souvent au fond du jardin, mais un cimetière pour chiens est ouvert à Asnières en 1899 sous l'impulsion de bourgeois parisiens soucieux de rendre un dernier hommage au fidèle compagnon.

L'écart se creuse donc avec les chiens des ruraux ou des modestes urbains, même s'il n'est pas systématique. L'attitude de la bourgeoisie n'est pas unanime. À l'inverse, des humbles choient leurs bêtes de compagnie à leur mesure. Il s'agit longtemps d'exceptions, souvent des enfants, des femmes, des isolés, parce que, en ces milieux, la rudesse est mieux perçue que le sentiment. Mais la diffusion du respect bourgeois, à partir de la fin du XIXe siècle, légitime leur attitude et accroît leur nombre, en priorité parmi la petite bourgeoisie et les employés.

CI-CONTRE

Briton Riviere, *Compassion*, 1877. Partout, dans le monde bourgeois occidental, le chien de compagnie fut de plus en plus loué pour son amitié, sa fidélité, et fut associé à l'enfant dont la singularité et l'importance grandissaient dans les familles.

CI-CONTRE

Carl Olof Larsson, *Jeune femme allongée sur un banc*, 1913.
Dans ce même milieu social, chiens et chats passèrent ainsi d'une utilité matérielle à une utilité affective.

DES CONFLITS PLEIN LES PATTES

« Car j'avais fait promettre à Françoise, pacifiste mais cruelle, qu'elle ne ferait pas trop souffrir le lapin qu'elle avait à tuer et je n'avais pas eu de nouvelles de cette mort ; Françoise m'assura qu'elle s'était passée le mieux du monde et très rapidement. »

MARCEL PROUST, *À l'ombre des jeunes filles en fleurs*, 1918.

PASSIONS D'ÉLEVAGE

L'omniprésence des bêtes amplifie partout de vieux conflits et en crée de nouveaux. Ainsi, dans les campagnes, la croissance du bétail et sa garde au champ augmentent les querelles entre voisins, éleveurs, propriétaires de terres, à propos de droit de passage (pour mener les bêtes aux champs ou à la mare), de pâture sauvage (dans les forêts pour compléter leur alimentation), de surveillance trop relâchée (qui provoque bris de clôture et dévastation de jardins ou de prairies). Ces incidents agitent les communautés, animent les veillées, nourrissent les animosités et portent les protagonistes jusqu'à des procès dont le nombre submerge les juridictions locales.

À un autre niveau, le débat entre les partisans du croisement du bétail avec des races étrangères et les tenants d'une sélection interne cache un conflit social, nationaliste, politique. Il apparaît dans les concours agricoles lorsqu'il faut décider des bêtes à primer, et s'exacerbe au milieu du XIXe siècle. Il oppose souvent des aristocrates, grands propriétaires, anglomanes et monarchistes, à des notables ou des éleveurs bourgeois, nationalistes, bonapartistes ou républicains. Un conflit semblable se déploie à propos du cheval pur-sang. Face aux mondains qui ne veulent que du pur-sang anglais, dont la pureté symbolise leur distinction, la bourgeoisie technicienne des haras « bricole » par croisement un pur-sang français, d'abord franco-anglais ou franco-arabe, puis anglo-arabe.

Soutenu par l'État, favorisé par l'anglophobie ambiante et des vagues nationalistes, le pur-sang français obtient sa reconnaissance sous le second Empire. De même, la tendance bourgeoise, républicaine et nationaliste l'emporte à propos du bétail après 1880, grâce au soutien du pouvoir républicain dont les représentants exaltent partout le courage, la robustesse, la polyvalence du bétail local, reflet et symbole de cette paysannerie française qui doit soutenir le régime et préparer la revanche de la défaite de 1870. En réalité, ce ne sont pas les vieilles races locales qui gagnent mais les nouvelles, élaborées par des notables désireux d'imposer leurs normes à des paysans qui résistent un temps puis se convertissent.

De même, le logement oppose longtemps les notables et les paysans. Les étables sont souvent petites, peu aérées, humides et chaudes, avec

CI-CONTRE

Cheval arabe, planche du *Dictionnaire universel d'histoire naturelle*, 1849. Par nationalisme, le cheval arabe fut présenté comme un contre-modèle au pur-sang anglais et fut utilisé dans des croisements par les techniciens des haras nationaux à la recherche d'un pur-sang français.

Susemihl pinx.

1.re SÉRIE QUADRUPÈDES SANS OS MARSUPIAUX (Is. G. St. Hil.)

6ème Ordre
PACHYDERMES. } SOLIPÈDES. *Cheval arabe*. (Equus Caballus, *Lin. var. Arabe.*) 1/20 de gr. nat.

◀ CI-CONTRE
Théodore Géricault, *Cheval pur-sang tenu en bride par un jockey*, vers 1820. À l'inverse, le pur-sang anglais était le favori d'une aristocratie très anglomane sous la Restauration, mais aussi des romantiques, de Stendhal à Géricault.

un fumier rarement évacué. Cet entassement est accentué dans les régions pauvres ou froides, et la saleté règne dans les pays où, la paille étant rare, les litières sont rarement renouvelées. Les paysans imposent ainsi leur mode de vie : ils craignent plus le froid que la crasse censée protéger des maladies ; ils pensent que le confinement permet de mieux engraisser les bêtes tout en les faisant moins consommer, et que la chaleur moite améliore le cuir et la laine. Cela explique en partie l'élevage des porcs dans des loges exiguës pour les empêcher de bouger, au milieu d'une fange censée les rafraîchir.

Les notables (agronomes, vétérinaires, zootechniciens en tête) jugent cet état responsable de la médiocre santé des bêtes et de la piètre qualité des produits. À l'instar des philanthropes qui découvrent les « tanières » du peuple, ils prônent des soins nouveaux et plus d'hygiène pour réduire les maladies et les dégénérescences, pour une meilleure reproduction et une bonne croissance. Les étables devraient être aérées et drainées, les bêtes nettoyées, la paille renouvelée, le fumier sorti, les emplacements agrandis et séparés. Initiée dans la seconde moitié du XVIIIe siècle à propos du mouton, cette campagne sanitaire s'accentue, en passant aux bovins au XIXe siècle, aux porcs et aux volailles au début du XXe siècle, à mesure que les normes hygiéniques des notables se font plus exigeantes.

Le changement d'attitude des paysans s'effectue à partir de la première moitié du XXe siècle grâce aux écoles, porte-parole de l'hygiène « moderne », grâce à la construction de fermes plus grandes, alimentées en eau, aérées en permanence, et grâce enfin à l'imitation sociale, les gros exploitants, plus instruits et plus réceptifs, influençant les plus modestes. Mais des résistances persistent, comme en Bretagne où le fourrage

CI-CONTRE
La sortie du fumier, Beauce, vers 1910. Conséquence de l'essor de l'élevage : le travail autour du fumier devint l'une des tâches les plus importantes à la ferme, avec le fauchage et la rentrée des foins.

est souvent jeté au sol en l'absence d'auge tandis que le fumier n'est pas sorti avant que les cornes des bêtes touchent le plafond.

QUERELLES URBAINES

En ville, la présence grandissante des bêtes accroît les plaintes, dont le nombre atteint un sommet à la fin du XIXe siècle. Elles concernent surtout les excréments, les déchets et les odeurs jugées nauséabondes, répandus dans les rues, autour des étables, des tueries, des industries. Ces plaintes sont dues à l'attention croissante à l'hygiène et à la santé, à la crainte d'une infection par les miasmes puis, à partir du milieu du XIXe siècle, d'une contagion par les mouches ou les rats. Elles concernent aussi les bruits et les cris, qui troublent le sommeil autour des étables et les consciences autour des tueries où la vue des bouchers sanguinolents et des bêtes agonisantes heurte de plus en plus. Enfin, la crainte des accidents fait dénoncer les divagations d'animaux allant s'abreuver aux rivières ou aux fontaines, leurs fuites épouvantées à l'approche des tueries, les errements des bêtes échappées ou sans maître fixe.

En conséquence, les tensions entre les utilisateurs d'animaux et leur voisinage deviennent de plus en plus fortes. Elles obligent les autorités à intervenir plus qu'autrefois et à imposer des compromis entre les exigences économiques, qui rendent la présence des bêtes indispensable, et les souhaits de salubrité ou de moralité. Il est peu à peu interdit de répandre les déchets dans les rues qui sont progressivement pavées et nettoyées. Des prescriptions administratives, plus pressantes à mesure de l'urbanisation des alentours, engagent à réduire le nombre de bêtes dans les étables, à ventiler, à drainer et à nettoyer les locaux en canalisant les écoulements et en sortant fréquemment le fumier. Si les écuries privées sont moins concernées – car elles sont souvent réduites à un cheval dont le statut privilégié rend les émanations supportables –, toute une littérature hygiéniste presse les compagnies de transport à faire de même.

Les résultats sont lents, irréguliers, dépendant du bon vouloir de chacun, ce qui incite les autorités à éloigner les établissements au fur et à mesure de la densification de l'habitat. On commence par regrouper les tueries en abattoirs installés à la périphérie des villes, puis les étables et les industries, de l'équarrissage à la tannerie, sont elles aussi repoussées. Lente et réservée aux grandes villes jusqu'à la fin du XIXe siècle, cette évolution est contredite par l'essor de la demande, qui pousse à multiplier les boucheries, vacheries, écuries, et par l'urbanisation des périphéries, qui recrée de nouvelles tensions et oblige à un nouvel éloignement des activités mises en cause. Une autre solution est de contraindre les établissements à élever des murs autour des bâtiments et à fermer leurs portes afin de limiter les regards et les écoutes. À Lyon, au soir du XIXe siècle, il est même demandé que les porcs soient assommés ou bâillonnés avant d'être égorgés, afin qu'ils ne crient pas.

C'est aussi dans les rues qu'il faut cacher les animaux qu'on ne saurait voir. Toujours à Lyon, les voitures transportant des carcasses doivent être closes à partir de 1859 et les bêtes gagnant les abattoirs par les beaux quartiers sont enfourgonnées à partir de 1887. Au Mont-Dore, des itinéraires parallèles sont créés pour éviter que les curistes rencontrent les bêtes, les effluves et les fientes. Les chiens errants, colporteurs d'odeurs, de poux, de puces et de la rage, sont pourchassés, éradiqués, et, à partir de 1845, affublés d'un collier indiquant le nom et l'adresse du maître ; en 1855, on décide de les taxer pour limiter leur profusion. Il s'agit de responsabiliser les hommes et de lier les bêtes à un foyer.

CI-CONTRE
La recluse au chat, illustration parue dans *Le Petit Journal*, avril 1903. Alors qu'elles prônaient le modèle de l'animal de compagnie attaché, matériellement et affectivement, à un maître, les élites sociales combattirent, au nom de l'hygiène, une pratique populaire inverse, faite d'une relation lâche avec des bêtes allant et venant à leur guise.

PAGES SUIVANTES

Page de gauche : Voiture pour l'envoi à l'équarrissage des cadavres d'animaux et des viandes réformées, Paris, 1905. À partir de la fin du XIXe siècle, pour éviter les risques de contagion révélés par Pasteur, les services vétérinaires préfectoraux firent adopter des transports étanches des cadavres trouvés dans les rues et des carcasses refusées aux abattoirs. Paris était à la pointe du mouvement.

Page de droite : Voiture de la fourrière, Paris, 1905. La lutte contre l'errance des bêtes, la hantise des risques d'épidémies et le refus d'une violence brutale se conjuguèrent pour l'organisation d'une fourrière moderne à Paris : voiture à cages individuelles ; élimination par le gaz indolore et non plus à coups de gourdin ou par pendaison.

LIBERTÉ · ÉGALITÉ · FRATERNITÉ
19
OURRIÈRE
ÉFECTURE de POLICE
Il est EXPRESSÉMENT
RECOMMANDÉ
AUX COCHERS
D'ENTRER au PAS
BUREAUX
OUVERTS
au PUBLIC

COMBATS PROTECTIONNISTES

Cependant, ce sont les divergences d'attitude envers les bêtes qui génèrent les plus vifs conflits, jusqu'au sein des familles : la femme de Claude Bernard hait son mari vivisectionniste ; le jeune Stendhal, tyran d'Azor, est régulièrement souffleté par sa grand-mère ; Jules Vallès est rudoyé par ses parents lorsqu'il veut enterrer son chien décédé. La contestation de la violence était moins forte auparavant. À partir des années 1830, elle se traduit par des indignations ouvertes, des interventions, des volontés de pédagogie, qui sont souvent le fait de notables locaux, de l'aristocrate au petit boutiquier ou à l'instituteur.

D'où la fondation de la Société protectrice des animaux (SPA) en 1845 sous l'égide de deux groupes qui la dirigent jusqu'au début du XXe siècle. D'une part des propriétaires, des agronomes, des vétérinaires prônent un doux traitement du bétail pour améliorer ses rendements. D'autre part, des médecins, des militaires, des fonctionnaires, des rentiers font de l'attention à l'animal un élément de moralisation du peuple pour apaiser sa violence. Cette protection centre donc son action sur les violences publiques, à répercussions économiques et morales, envers les bêtes de trait, dans l'élevage, le transport et l'abattage des bestiaux, lors des jeux et des combats. Elle soutient le projet de loi Grammont, réprimant les sévices publics sur les animaux domestiques, qui est adopté par l'Assemblée nationale en 1850 car les élites veulent protéger les chevaux des manières violentes de leurs nouveaux utilisateurs. À la fin du siècle, cette protection agit pour qu'on assomme préalablement les bêtes dans les abattoirs ou pour contrer l'expansion de la corrida.

À partir de cette époque se développe une autre forme de protection, portée par de petits-bourgeois et des femmes. Elle est plus radicale (refusant l'utilitaire), plus zoocentrique (insistant sur la souffrance des bêtes), plus attentive aux animaux de compagnie, mais aussi plus agissante et volontiers répressive. D'où la

CONSTANTIN MAGNIER L'AMI DES BÊTES, AU MILIEU DE SES PROTÉGÉS

CI-DESSUS
Illustration du *Petit Journal*, novembre 1910.

CI-CONTRE
Deux protectrices des animaux, vers 1905.

fondation de sociétés contre la vivisection à partir de 1883, la création de refuges pour chiens au même moment, une pression auprès des politiques avec un fort soutien des gens de lettres (d'Anatole France à Zola) entre 1890 et 1930. Certaines de ces femmes fondent des journaux (1899), prennent le pouvoir à la SPA (1929), créent de nouvelles associations (1930). Sous leur pression, le travail des chiens est interdit dans vingt-huit départements en 1897, le pistolet perforant est adopté à Lyon, en 1930, pour un abattage rapide et moins douloureux...

Un troisième courant, minoritaire et dispersé, apparu dans la seconde moitié du XVIIIe siècle, prône une fraternité et une bienfaisance universelles, abolissant les clivages entre sexes, races et espèces au nom d'une communauté morale. Ses partisans sont souvent en rupture avec l'ordre social ou le christianisme officiel. Ils proposent un idéal d'égalité universelle, adhèrent aux socialismes utopiques ou à l'idée d'évolution de la nature pour appuyer le sentiment d'une communauté, fonder une sensibilité et une pitié généralisées. Ce courant est illustré par des écrivains, tels Michelet (*Le Peuple*, 1846), Hugo (*Les Misérables*, 1862), Maupassant (*Mont-Oriol*, 1887), qui souhaitent compassion et justice pour les faibles, des pauvres aux bêtes. Il est aussi porté par des humanistes, de Schoelcher en 1850 à la Ligue des droits de l'homme dans l'entre-deux-guerres, des féministes, telle Marguerite Durand, directrice du premier quotidien produit par des femmes, des militants socialistes, de Séverine, amie de Jules Vallès, aux syndicalistes de la CGT Loire qui, en 1914 et 1928, dénoncent l'exploitation des hommes et des chevaux dans les mines, et qui demandent aux ouvriers de ne pas reporter la violence du système sur leurs camarades de misère.

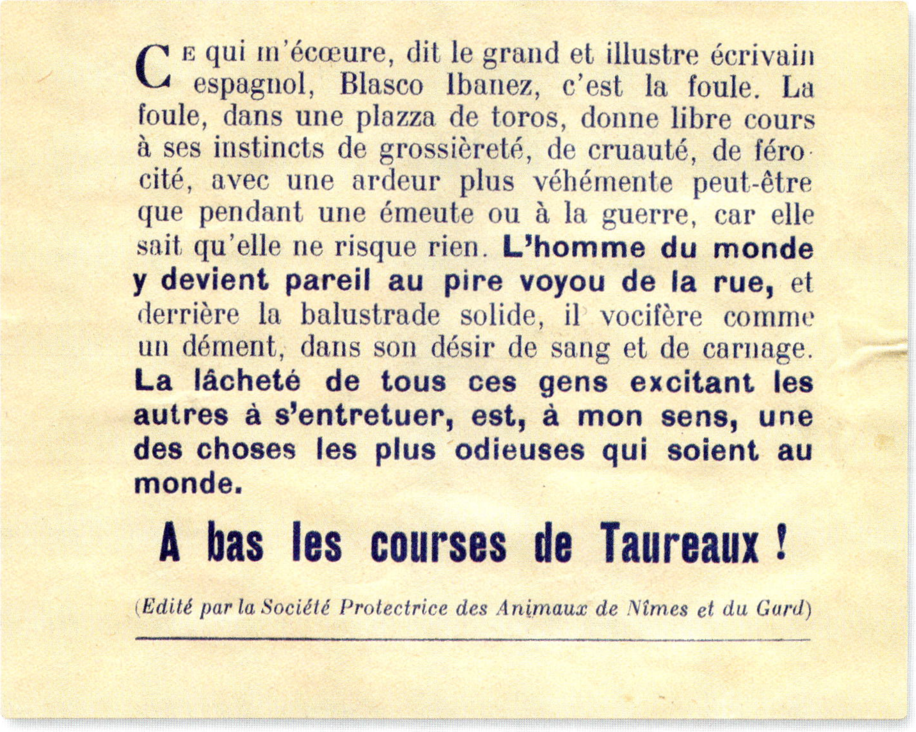
CE qui m'écœure, dit le grand et illustre écrivain espagnol, Blasco Ibanez, c'est la foule. La foule, dans une plazza de toros, donne libre cours à ses instincts de grossièreté, de cruauté, de férocité, avec une ardeur plus véhémente peut-être que pendant une émeute ou à la guerre, car elle sait qu'elle ne risque rien. **L'homme du monde y devient pareil au pire voyou de la rue,** et derrière la balustrade solide, il vocifère comme un dément, dans son désir de sang et de carnage. **La lâcheté de tous ces gens excitant les autres à s'entretuer, est, à mon sens, une des choses les plus odieuses qui soient au monde.**

A bas les courses de Taureaux !

(Edité par la Société Protectrice des Animaux de Nîmes et du Gard)

Cette conception disparaît à partir des années 1930 car les élites adhèrent en masse à l'idée d'une exploitation intensive de la nature tandis que le marxisme, qui fait de cette exploitation une caractéristique de l'homme, l'emporte sur les autres utopies parmi les militants sociaux.

CI-DESSUS
Tract de la SPA de Nîmes et du Gard, vers 1935. La corrida accusée d'être une école de violence. À l'époque, l'échec de l'introduction de la corrida au nord de la France incita les aficionados à la replier au sud en assurant qu'elle était une pratique inhérente à la culture méridionale.

CI-CONTRE
Léon Carré, affiche pour la SPA, 1904. L'enfant et la femme, jugés sensibles, garants de paix et de civilité, devaient être à la pointe du combat contre la violence envers les bêtes.

Société
PROTECTRICE
DES
ANIMAUX
84 RUE
DE
GRENELLE
PARIS
Carré
1904

« [...] au reste les chevaux, les vieux chevaux d'armes, les antiques et immémoriales rosses qui vont sous la pluie nocturne le long des chemins, branlant leur lourde tête cuirassée de méplats, n'ont-ils pas quelque chose de cette raideur de crustacés, cet air vaguement ridicule vaguement effrayant de sauterelles, avec leurs pattes raides leurs os saillants leurs flancs annelés évoquant l'image de quelque animal héraldique fait non pas de chair et de muscles mais plutôt semblable – animal et armure se confondant – à ces vieilles guimbardes aux tôles et aux pièces rouillées, cliquetant, rafistolées à l'aide de bouts de fils de fer, menaçant à chaque instant de s'en aller en morceaux ? »

CLAUDE SIMON, *La Route des Flandres, 1960.*

DE LA CIVILISATION DES BÊTES AUX BÊTES DES FAMILLES (1950-2008)

Cette civilisation des bêtes est sapée dès son apogée, à la fin du XIXe siècle. Le fait majeur est la traction motorisée des véhicules terrestres.

QUAND LE MOTEUR REMPLACE LA BÊTE

L'électrification des transports urbains, entre 1890 et 1914, fait disparaître les omnibus tirés par des chevaux. Taxis, bus, cars, camionnettes et camions, en production industrielle après 1905, s'imposent dès l'entre-deux-guerres. L'automobile cantonne vite le cheval à l'équitation et à la chasse auprès des élites. La motorisation fait remonter les derniers chevaux des mines au début des années 1960, abandonner la cavalerie après la débâcle de 1940 et les mulets après la campagne d'Italie, voire la guerre d'Algérie.

À partir de l'entre-deux-guerres, l'industrie délaisse la plupart des matières animales au profit des matières minérales et synthétiques. Lorsque l'utilisation ne décline pas, elle est éloignée des villes du fait de plaintes devenues unanimes. L'intégration des tueries dans les abattoirs et le recul de ceux-ci à la périphérie des villes s'accélèrent, de même que la dissociation entre le métier de boucher et celui de tueur. Porcheries et vacheries urbaines, décidément trop proches, trop sales, déclinent après 1918 et disparaissent après 1945, même dans les banlieues. La chose est favorisée par les transports frigorifiques, la pasteurisation et la stérilisation qui assurent une meilleure qualité à la production rurale.

L'animal disparaît peu à peu du paysage urbain. Le transport en camion des bêtes d'abattoir se développe dans les années 1920 et devient systématique après 1950. Les troupeaux ambulants, distributeurs de lait, sont chassés des rues, cantonnés aux places puis éliminés par la circulation croissante de bicyclettes et d'auto-

CI-CONTRE
Chargement de carcasses sur des charrettes à bras, première moitié du XXe siècle. Issues des abattoirs, les carcasses étaient livrées aux petits bouchers urbains, qui tuaient de moins en moins chez eux dès cette époque.

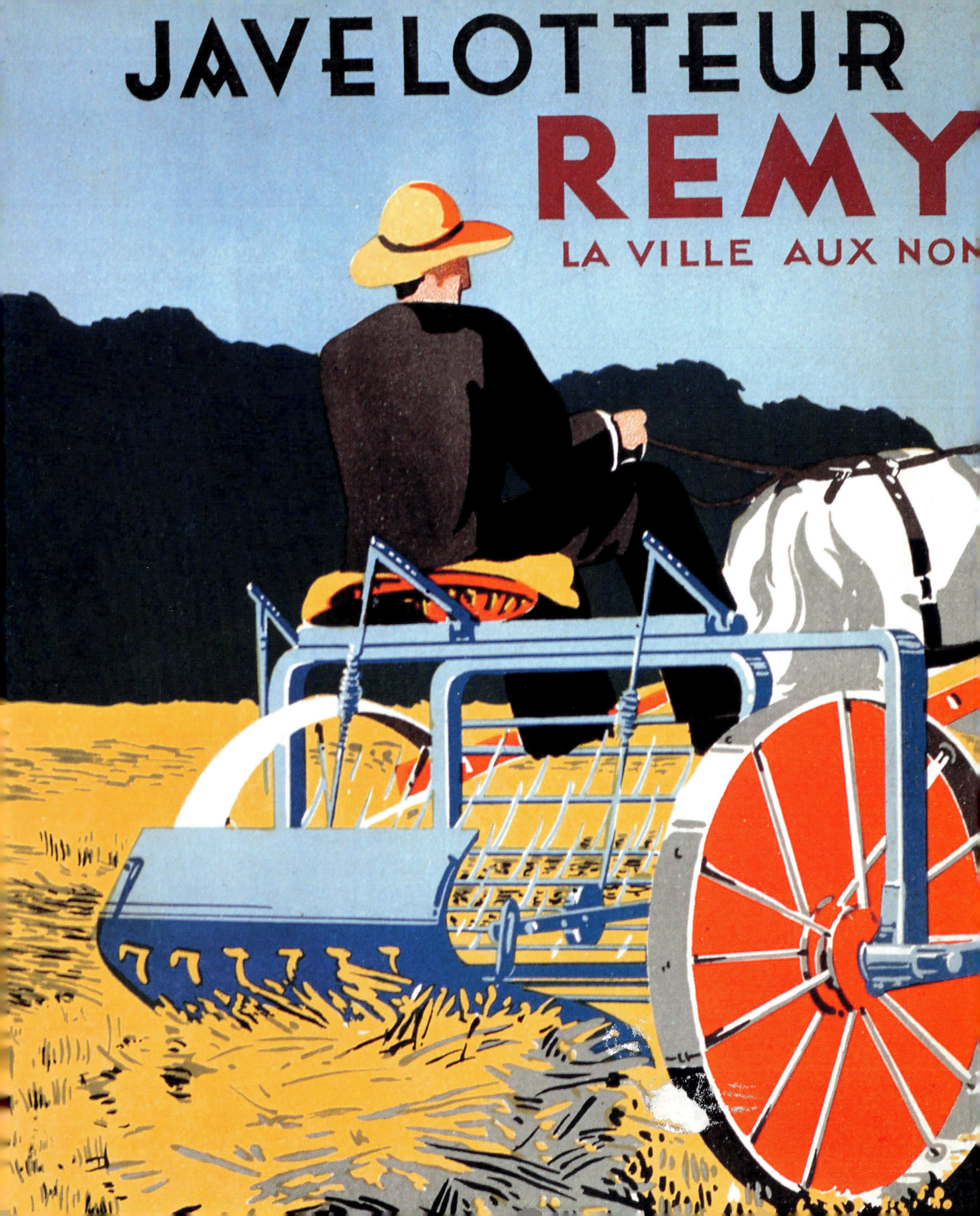
JAVELOTTEUR
REMY
LA VILLE AUX NON

CI-CONTRE
Publicité pour le javelotteur enrouleur « REMY », première moitié du XXe siècle. La mécanisation promut d'abord le cheval, comme ici, puis le fit mettre au rencart.

mobiles, dès 1930 à Paris et au milieu du siècle ailleurs. Les cavaliers désertent les boulevards et les parcs, se cantonnent dans les centres équestres. Les écuries d'immeubles sont transformées en appartements ou en garages. Les élevages particuliers disparaissent des caves, des cours et des pièces au fur et à mesure que le niveau de vie augmente. L'exhibitionnisme des boucheries passe de mode après 1945. Les carcasses sont reléguées à l'arrière des magasins, puis dans les frigos. Les morceaux de viande sont peu à peu prédécoupés, présentés sur des étals de plus en plus nettoyés, et réduits à des formes géométriques après 1960 sous l'impulsion de la grande distribution, parce qu'on ne veut plus voir l'animal mort. Toutes ces évolutions varient selon la taille des villes : plus précoces et rapides à Paris, bien que des troupeaux arpentent encore la capitale dans les années 1940 ; plus tardives et lentes dans les chefs-lieux de canton, qui conservent des quartiers paysans jusque dans la décennie 1960.

Cet écart est encore plus sensible pour les campagnes. Rebutées par le coût de la motorisation, nombre de régions connaissent une augmentation des chevaux et des bovins de trait dans les années 1920-1950, afin de répondre à la croissance de la demande. Cette époque est donc celle du plus fort décalage entre les grandes villes, qui évacuent l'animal, et les provinces qui le conservent ou l'accroissent. Toutefois, l'équipement en tracteurs s'effectue rapidement dans la décennie 1950, sous la pression des jeunes agriculteurs qui ne supportent plus le fossé avec le monde urbain. Le nombre d'équins et de bœufs s'effondre, faisant péricliter les races locales, et l'appellation « cheval de trait » est supprimée du vocabulaire officiel en 1976.

L'ÉLOIGNEMENT DU BÉTAIL

Même si les effectifs du bétail explosent entre les années 1950 et 1980 grâce aux Trente Glorieuses et à la politique agricole commune (PAC), la spécialisation accrue des campagnes fait que certaines abandonnent l'élevage, tandis que les autres réduisent la cohabitation et les contacts avec les animaux. Les étables modernes sont séparées des habitations ; beaucoup de bêtes sont enfermées dans des élevages intensifs ; les autres sont placées en stabulation libre dans les champs une grande partie de l'année. Le renouvellement accéléré des troupeaux, l'insémination artificielle, le remplacement des noms par des numéros rendent l'animal plus anonyme. La perte des savoirs familiaux au bénéfice des acquis scolaires, et donc la difficulté des jeunes éleveurs à appréhender les bêtes, à les manier, à éviter les accidents, accentuent ce phénomène. L'adhésion aux discours et aux objectifs des zootechniciens, à la course à la productivité et aux bas prix, finit de transformer l'animal en machine à produire, dont on pousse les capacités en réduisant les contacts et en délaissant la notion de confort. Toutefois ce détachement n'est pas général, car une proximité reste de mise chez les éleveurs les plus âgés, et a tendance à réapparaître de nos jours chez d'autres plus jeunes, influencés par la relation à l'animal de compagnie. Reste que, pour le public, cet éloignement entoure les bestiaux d'une aura de mystère. Ils sont de plus en plus considérés comme des bêtes curieuses qu'on va contempler au Salon de l'agriculture, voire comme les pires ennemis de l'homme, avec les craintes qu'ont suscitées tour à tour la « vache folle », la fièvre aphteuse et la grippe aviaire.

CI-CONTRE
Pierre Auguste Renoir,
Chez la mère Anthony, 1866.

UN NOUVEAU CHEPTEL : L'ANIMAL DE COMPAGNIE

En ville ou à la campagne, l'éloignement des bestiaux est vécu comme une libération vis-à-vis des contraintes qu'ils occasionnaient. Le moteur est accueilli joyeusement au nom du progrès et de la modernité, d'autant qu'il permet d'organiser ses activités uniquement en fonction de soi. Ainsi les élites délaissent-elles un temps l'équitation, avant de la retrouver à partir des années 1950 lorsque l'automobile se vulgarise. L'effacement du paysage visuel, sonore, olfactif déterminé par les bêtes est d'autant plus apprécié qu'on peut se passer d'elles et que, par conséquent, elles incommodent de plus en plus. À partir du milieu du siècle, l'animal utilitaire, chassé des villes, enfermé dans les campagnes, n'ordonne plus le temps, l'espace, la vie (la plupart des métiers qui lui étaient liés disparaissent), ne nourrit plus la distinction sociale, n'enchante plus l'imaginaire. L'art, la littérature et le symbolisme animaliers passent de mode. L'univers enfantin, sans cesse alimenté d'une multitude de livres, de films et de bandes dessinées, se replie sur l'animal sauvage ou l'animal de compagnie.

Car ce dernier, déjà propulsé au premier plan dans les milieux bourgeois du XIXe siècle, acquiert une place centrale dans les familles. Il s'agit surtout de chiens et de chats, désormais dispensés de travailler ou de chasser la souris, mais aussi d'animaux tirés du monde sauvage : poissons ou oiseaux exotiques, et NAC (nouveaux animaux de compagnie : du serpent au rat) depuis une vingtaine d'années. Leur nombre explose à partir des années 1960 pour atteindre, au début du XXIe siècle, environ 9 millions de chiens, 10 millions de chats, 24 millions de poissons, 8 millions d'oiseaux, 6 millions de rongeurs, serpents, tortues, alors que les effectifs des bestiaux régressent depuis les années 1990 et les réformes de la PAC. Il y a maintenant plus de poissons dans les aquariums ou de chiens et de chats dans les panières que de bovins dans les étables, et autant de chats que de moutons ou de porcs. Or ces animaux sont partout : en ville, en banlieue, à la campagne. Ils ont conquis leur place dans une famille sur deux et ont investi, dans les mêmes proportions, toutes les classes sociales. Leur présence est donc aussi forte que celle des animaux de rapport autrefois, à la grande différence qu'elle est cantonnée aux résidences et qu'elle influence presque uniquement la sphère familiale.

L'attention développée dans la bourgeoisie au XIXe siècle est peu à peu imitée par les autres milieux sociaux, et accentuée. Cela se traduit par une alimentation choisie et des soins accrus, par des dépenses en constante augmentation, qui donnent naissance à de nouveaux métiers, des animaliers aux fabricants d'aliments ou de jouets. Cela se traduit aussi par la vulgarisation de l'inhumation dans les jardins, voire dans des cimetières spécialisés, à partir des années 1960-1970, et actuellement par l'essor de l'incinération, comme pour les hommes. Cette évolution, qui concerne d'abord les chiens et les chats, n'empêche pas que les bêtes soient traitées comme des jouets jetables et n'efface pas la violence. Il reste – les sondages le montrent – que l'animal de compagnie est largement considéré comme un membre de la famille et qu'il structure cette vie familiale autant que les bestiaux structuraient le paysage et la société. Et, comme autrefois, cet animal influence les relations avec le voisinage par les cris intempestifs, les odeurs répandues, les franchissements de clôture, les oublis d'excréments...

Bref, l'animal change autour de nous mais il ne cesse pas de nous tenir compagnie...

CI-CONTRE

Portrait de Audrey Hepburn avec son chien Famous, milieu des années 1950. C'est en partie par l'intermédiaire des vedettes du cinéma et du music-hall que le modèle bourgeois de l'animal de compagnie s'imposa à tous les groupes sociaux dans la seconde moitié du XXe siècle. À tel point qu'on peut parler maintenant de modèle occidental.

ANNEXES

CAHIER DE CARICATURES

« CI-CONTRE

« Nous allons inciser
les muscles, scier les os ;
en un mot, guérir le malade »,
vignette de Grandville dans
les *Scènes de la vie privée et publique des animaux*, 1842. Elle illustrait
le chapitre « Les animaux
médecins », où l'entremise des
bêtes permettait de se moquer
des prétentions des médecins
et des échecs de la medecine.

CI-CONTRE »

« Au sexe qui embellit la
vie !!! », vignette de Grandville
dans les *Scènes de la vie privée et publique des animaux*, 1867.
Dans le chapitre « Encore
une révolution ! », les convives
d'un banquet refirent le
monde en exprimant leurs
désirs politiques et sociaux.
Une critique à peine voilée des
nombreux banquets politiques
de l'époque. L'hippopotame
aux plaisanteries lourdes
est une figure du bourgeois
ambitieux et ripailleur.

Au sexe qui embellit la vie!!! Un murmure flatteur accueillit ce toast, qui fut porté par un aimable Hippopotame.

CREDULITE
HIPPODRO ME
And. Gill

CI-CONTRE
Émile Littré fait sauter Charles Darwin à travers les cerceaux Crédulité et Ignorance, dessin de Gill dans *La Lune Rousse*, 1877. Littré fut l'un des premiers partisans français de Darwin, qui soutint, à partir de 1871, que l'homme descendait d'un singe. Les oppositions furent vives. L'illustration suggérait que le controversé savant se jouait habilement des idées reçues et ne craignait pas de les détruire.

Souvenirs et Regrets

CI-CONTRE
Chromo publicitaire pour une marque de jambon, vers 1890. Derrière l'humour noir, réside l'idée que le cochon est fait pour être jambon, qu'il n'est bon qu'à cela. Ce qui pourrait maintenant faire pitié servait alors à faire rire et à renforcer la certitude d'une condition normale.

LES OMBRES PORT

(Planche 2.)

CI-CONTRE
Grandville, *Les ombres portées*, 1830. À l'époque, la mode était à la physiognomonie (utilisée par Balzac) qui prétendait que le caractère de l'homme rejaillissait sur son allure physique. Aussi, par un chemin inverse, la caricature des anatomies permettait de faire surgir le côté animal, voire bestial des individus.

CI-CONTRE »
Carte postale, vers 1910.
Ici, la chèvre et l'oie permettaient de prendre de la distance avec la mode vestimentaire de l'époque et de souligner son caractère exubérant que d'aucuns jugeaient ridicule.

CI-CONTRE
Carte postale, vers 1910.

19e ANNÉE — N° 949 | FRANCE : 15 CENTIMES | 16 Juin 1889.

LE GRELOT

BUREAUX
5, Cité Bergère, 5
PARIS

ABONNEMENTS
FRANCE

UN AN.......	8 fr. »
SIX MOIS.....	4 »
TROIS MOIS...	2 »

Un numéro (franco) : 15 c.

ADRESSER
Lettres et Mandats à M. J. MADRE
Directeur-Gérant

BUREAUX
5, Cité Bergère, 5
PARIS

ABONNEMENTS
ÉTRANGER

UN AN.......	10 fr. »
SIX MOIS.....	5 »
TROIS MOIS...	2 50

Un numéro (franco) : 20 c.

PUBLICITE
V. CORBISIER, 33, boulevard Haussmann
et aux bureaux du journal

Tout abonné à un journal de Paris peut recevoir gratuitement le GRELOT (Voir en tête de la 2e page)

UNE BELLE PENSÉE DE JULES FERRY

— On n'est jamais mieux encensé que par soi-même.

◀ CI-CONTRE

Caricature de Jules Ferry, *Le Grelot*, 1889.
Après les lois scolaires du début des années 1880, notamment celle qui instituait l'instruction obligatoire, puis l'affaire du Tonkin en 1885, l'impopularité de Jules Ferry fut très vive et ses caricatures se multiplièrent, telle celle-ci qui fustigeait son refus borné de reconnaître ses erreurs, comme les ânes qui ne changeraient jamais d'avis.

DES BÊTES PLEIN LES TÊTES

Ce n'est sûrement pas un hasard si l'apogée des animaux utiles autour des hommes s'accompagne d'un apogée de la présence des bêtes dans les imaginaires et dans les productions culturelles. Là encore, l'époque n'invente pas, mais fait croître les usages et exploser leur diffusion. Ainsi, l'art animalier connaît son siècle de gloire, du fait de la passion des artistes et de l'engouement du public. Peintures, gravures (dont nous avons vu maints exemples dans cet ouvrage) et sculptures, de Barye à Pompon, présentent à foison des scènes de chasse ou d'élevage, des portraits d'animaux familiers ou de rente, des pratiques équestres..., et ce, jusque dans l'entre-deux-guerres. La même abondance de scènes animalières envahit la littérature, avec un sommet à l'époque du naturalisme, de Zola à Maupassant. On interprète souvent cela par l'évolution des écoles littéraires, qui regarderaient différemment le monde. C'est sans doute vrai, mais c'est aussi parce que le monde change et qu'il contient plus de bêtes qu'autrefois ! On lira plus loin un florilège de scènes littéraires illustrant les aspects évoqués dans ce livre. La même évolution affecte la religion, qui retrouve l'animal après l'avoir évacué aux XVIIe-XVIIIe siècles. Les bêtes de la Bible, du Christ, des Évangélistes, des saints, etc. sont à nouveau mentionnées et utilisées dans les catéchismes, les sermons, les décorations. Parallèlement, la mode est aux sciences naturelles, notamment à la zoologie.

Tout cela rejaillit sur la vie culturelle quotidienne. Les fidèles des églises peuvent contempler des bêtes dessinées, sur les vitraux, sculptées, peintes. Les intérieurs bourgeois se peuplent de sculptures animalières en bronze, posées sur les cheminées, de tableaux de petits maîtres, accrochés aux murs, de collections d'insectes, de papillons, de coquilles, disposées sur des présentoirs. L'essor de l'édition et de la presse à grands tirages permet de populariser les contes pour enfants puis de lancer la bande dessinée, où l'animal à large place. À partir de la fin du XIXe siècle, les rues et les journaux se couvrent d'affiches publicitaires, souvent imagées, produites par des artistes qui utilisent abondamment l'animal jusqu'aux années 1950, et dont le plus célèbre est Benjamin Rabier, l'auteur de « La Vache qui rit » !

Un bon exemple de la place de l'animal dans les imaginaires est celui des caricatures, qu'illustre ce cahier. La caricature est très en vogue entre la Révolution et la Première Guerre mondiale en raison de fortes tensions politiques, nationalistes, sociales, et de l'essor d'instruments médiatiques inégalés jusqu'alors. La fréquente animalisation des caricaturés a pour but de révéler leur « vraie » nature, de démasquer leur stupidité ou leur bestialité. Le visage est préservé s'il s'agit d'un individu célèbre ou d'un groupe social précis, qu'il faut reconnaître, et c'est le corps, jugé commun avec les bêtes, qui est transformé. En revanche, l'animalisation est totale lorsqu'on veut prendre du recul avec la société et critiquer ses pratiques, ou lorsqu'on veut montrer l'évidente animalité de groupes rejetés, comme les Allemands avant et pendant la Première Guerre mondiale, assimilés aux cochons qu'ils engloutiraient en saucisses et tout aussi mal dégrossis qu'eux. Ce genre est proche de l'injure animalière qui connaît justement un sommet à l'époque !

Soulignons, pour conclure, que tous ces aspects régressent fortement à partir de l'entre-deux-guerres, disparaissent même ensuite, parallèlement au fait, et ce n'est encore pas un hasard, que beaucoup d'animaux se retirent de notre environnement immédiat.

CITATIONS

« C'était l'écrasement de l'après-midi, près de cent mille clientes s'étouffant dans les galeries et dans les halls. Dehors, des voitures stationnaient, d'un bout à l'autre de la rue du Dix-Décembre ; et, du côté de l'Opéra, une autre masse profonde occupait le cul-de-sac, où devait s'amorcer la future avenue. De simples fiacres se mêlaient aux coupés de maître, les cochers attendaient parmi les roues, les rangées de chevaux hennissaient, secouaient les étincelles de leurs gourmettes, allumées de soleil. Sans cesse, les queues se refaisaient, au milieu des appels des garçons, de la poussée des bêtes, qui, d'elles-mêmes, serraient la file, tandis que des voitures nouvelles, continuellement, s'ajoutaient aux autres. »

ÉMILE ZOLA, *Au Bonheur des Dames, 1883.*

« À droite de la porte cochère se trouvait la vacherie surmontée d'un grenier à fourrage, et qui communiquait à la maison par une laiterie. [...] Comme presque tous les endroits où se cuisinent les éléments du grand repas que Paris dévore chaque jour, la cour dans laquelle Derville mit le pied offrait les traces de la précipitation voulue par la nécessité d'arriver à heure fixe. Ces grands vases de fer-blanc bossués dans lesquels se transporte le lait, et les pots qui contiennent la crème, étaient jetés pêle-mêle devant la laiterie, avec leurs bouchons de linge. Les loques trouées qui servaient à les essuyer flottaient au soleil, étendues sur des ficelles attachées à des piquets. Ce cheval pacifique, dont la race ne se trouve que chez les laitières, avait fait quelques pas en avant de sa charrette et restait devant l'écurie, dont la porte était fermée. »

HONORÉ DE BALZAC, *Le Colonel Chabert, 1832.*

« Lentement, le vieux cheval tirait, traînait le camarade mort, par une galerie si étroite, qu'il devait donner des secousses, au risque de l'écorcher ; et, harassé, il branlait la tête, en écoutant le long frôlement de cette masse attendue chez l'équarrisseur. À l'accrochage, quand on l'eut dételé, il suivit de son œil morne les préparatifs de la remonte, le corps poussé sur des traverses, au-dessus du puisard, le filet attaché sous une cage. Enfin, les chargeurs sonnèrent à la viande, il leva le cou pour le regarder partir, d'abord doucement puis tout de suite noyé de ténèbres, envolé à jamais en haut de ce trou noir. Et il demeurait le cou allongé, sa mémoire vacillante de bête se souvenait peut-être des choses de la terre. Mais c'était fini, le camarade ne verrait plus rien, lui-même serait ainsi ficelé en un paquet pitoyable, le jour où il remonterait par là. Ses pattes se mirent à trembler, le grand air qui venait des campagnes lointaines l'étouffait ; et il était comme ivre lorsqu'il rentra pesamment à l'écurie. »

ÉMILE ZOLA, *Germinal, 1885.*

« Elle ne voyait pas les cuirassiers et les cuirassiers ne la voyaient pas. Elle écoutait monter cette marée d'hommes. Elle entendait le grossissement du bruit des trois mille chevaux, le frappement alternatif et symétrique des sabots au grand trot, le froissement des cuirasses, le cliquetis des sabres, et une sorte de grand souffle farouche. Il y eut un silence redoutable, puis, subitement, une longue file de bras levés brandissant des sabres apparut au-dessus de la crête, et les casques et les trompettes, et les étendards, et trois mille têtes à moustaches grises criant : Vive l'Empereur ! toute cette cavalerie déboucha sur le plateau, et ce fut comme l'entrée d'un tremblement de terre. »

VICTOR HUGO, *Les Misérables, 1862.*

« Les bêtes étaient là, le nez tourné vers la ficelle, et alignant confusément leurs croupes inégales. Les porcs assoupis enfonçaient en terre leur groin ; les veaux beuglaient; des brebis bêlaient ; les vaches, un jarret replié, étalaient leur ventre sur le gazon et, ruminant lentement, clignaient leurs paupières lourdes sous les moucherons qui bourdonnaient autour d'elles. Des charretiers, les bras nus, retenaient par le licou des étalons cabrés, qui hennissaient à pleins naseaux du côté des juments. [...] Cependant, entre les deux rangées, des messieurs s'avançaient d'un pas lourd, examinant chaque animal, puis se consultaient à voix basse. L'un d'eux, qui semblait plus considérable, prenait, tout en marchant, quelques notes sur un album. C'était le président du jury : M. Derozerays de La Panville. »

GUSTAVE FLAUBERT, *Madame Bovary, 1857.*

« Tout ce qu'ils avaient vu les enchantait. Leur décision fut prise. Dès le soir, ils tirèrent de leur bibliothèque les quatre volumes de la Maison rustique, se firent expédier le cours de Gasparin, et s'abonnèrent à un journal d'agriculture. Pour se rendre aux foires plus commodément, ils achetèrent une carriole que Bouvard conduisait. Habillés d'une blouse bleue, avec un chapeau à larges bords, des guêtres jusqu'aux genoux et un bâton de maquignon à la main, ils rôdaient autour des bestiaux, questionnaient les laboureurs, et ne manquaient pas d'assister à tous les comices agricoles. Bientôt, ils fatiguèrent maître Gouy de leurs conseils, déplorant principalement son système de jachères. Mais le fermier tenait à sa routine. »

GUSTAVE FLAUBERT, *Bouvard et Pécuchet, 1881.*

« Elle s'arrêta contre l'un de ces poteaux sans se décider à franchir le marais fangeux qui servait de cour à cette maison que, de loin, en véritable Parisienne, elle avait prise pour une étable. [...] Une moitié de toit couverte de genêt en guise de paille, et l'autre en bardeau, espèce de merrain taillé en forme d'ardoise, annonçaient deux divisions ; et, en effet, l'une close par une méchante claie servait d'étable, et les maîtres habitaient l'autre. [...] Quand Mlle de Verneuil fit tourner la porte sur ses gonds criards, elle sentit d'effroyables vapeurs alcalines sorties par bouffées de cette chaumière, et vit que les quadrupèdes avaient ruiné à coups de pieds le mur intérieur qui les séparait de la chambre. »

HONORÉ DE BALZAC, *Les Chouans, 1834.*

« En face de l'école, il y avait l'abattoir municipal : ce n'était qu'une sorte de hangar, où deux bouchers immenses opéraient toutes portes ouvertes. Pendant que ma mère faisait son petit ménage, je grimpais sur une chaise, devant la fenêtre de la salle à manger, et je regardais l'assassinat des bœufs et des porcs avec le plus vif intérêt. [...] Lorsque le malheureux bœuf recevait le coup de merlin entre ses cornes, et tombait sur les genoux, j'admirais simplement la force du boucher, et la victoire de l'homme sur la bête. La mise à mort du porc me faisait rire aux larmes parce qu'on les tirait par les oreilles, et qu'ils poussaient des cris stridents. Mais le spectacle le plus intéressant, c'était l'assassinat du mouton. Le boucher lui tranchait élégamment le gosier, tout en continuant une conversation avec son assistant, et sans accorder la moindre attention à ce qu'il faisait. »

MARCEL PAGNOL, *La Gloire de mon père, 1957.*

« Comme l'atelier de mon père, ces chambres n'avaient de fenêtres que sur une cour au fond de laquelle campaient des moutons. Ils venaient là en descendant de la montagne. Ils bêlaient un jour ou deux. Après, ils se taisaient. Je les regardais. Ils allongeaient le cou sur une paille noire et ils restaient là en ne faisant que respirer. Le samedi, un boucher venait ouvrir la porte. Il faisait dresser les moutons à coups de pied. Les bêtes se levaient ; elles avaient le dessus du ventre noir de purin et elles s'en allaient en boitant. »

JEAN GIONO, *Jean le Bleu, 1932.*

« Ces bêtes, attachées au fond, devant l'auge, chauffaient la pièce de l'exhalaison forte de leur corps et de leur litière ; tandis que la cuisine, avec les trois maigres tisons du dîner, se trouvait déjà glacée par les gelées précoces de novembre. Aussi, l'hiver, veillait-on là, sur la terre battue, bien à l'aise, au chaud, sans autre dérangement que d'y transmettre une petite table ronde et une douzaine de vieilles chaises. [...] et l'on avait dans le dos les souffles tièdes des vaches, qui, couchées, ruminaient. [...] Il faisait très chaud, une chaleur humide et vivante, accentuée par la forte odeur de la litière. Une des deux vaches, qui s'était mise debout, fientait ; et l'on entendit le bruit doux et rythmique des bouses étalées. »

ÉMILE ZOLA, *La Terre, 1887.*

« Châtillon, à ce moment-là, c'était un grand centre de roulage. [...] Le pays ne sentait que le cheval, le harnais, la graisse de roue, le fer chaud, l'étincelle et la corne brûlée. On n'entendait que bruits de marteaux sur l'enclume et soufflets qui forgeaient. »

JEAN GIONO, *Les Âmes fortes, 1950.*

« À un certain moment il reconnut qu'il sortait de dessous le Paris pétrifié par l'émeute, où les barricades avaient supprimé la circulation, et qu'il rentrait sous le Paris vivant et normal. Il eut subitement au-dessus de sa tête comme un bruit de foudre, lointain mais continu. C'était le roulement des voitures. »

VICTOR HUGO, *Les Misérables, 1862.*

« Fraisier laissa Poulain sur la stupéfaction que ces folles paroles lui causèrent, et sauta sur le boulevard comme une balle ; il fit signe à l'omnibus et fut, en dix minutes, déposé par ce coche moderne à la hauteur de la rue de Choiseul. »

HONORÉ DE BALZAC, *Le Cousin Pons, 1847.*

« Toutefois, quant aux chevaux, les miens sont des bidets de dix à douze louis, peu dignes d'un officier bien ficelé et requinqué comme vous, et bons tout au plus à faire une course ; de vrais bidets, quoi ! Mais si vous savez manier un cheval, comme je n'en doute pas [...], notre jeune préfet a votre affaire : cheval anglais vendu par un milord qui habite le pays et bien connu des amateurs : jarret superbe, épaules admirables, valeur trois mille francs. »

STENDHAL, *Lucien Leuwen, 1837.*

« Au coin d'un boucher c'était la foule. Fallait s'écraser pour voir ce qui se passait, en cercle. Un cochon c'était, un gros, un énorme. [...] Les gens lui tortillaient les oreilles histoire de l'entendre crier. Il se tordait et se retournait les pattes de cochon à force de vouloir s'enfuir à tirer sur sa corde, d'autres l'asticotaient et il hurlait encore plus fort à cause de la douleur. Et on riait davantage. [...] Le charcutier par-derrière dans sa boutique, échangeait des signes et des plaisanteries avec les clients et faisait des gestes avec un grand couteau. Il était content lui aussi. Il avait acheté le cochon, et attaché pour la réclame. [...] On fit grimper dessus un tout petit chien hargneux qu'on excitait à sauter et à le mordre à même dans la grosse chair dilatée. On s'amusait alors tellement qu'on ne pouvait plus avancer. Les agents sont venus pour disperser les groupes. »

LOUIS-FERDINAND CÉLINE, *Voyage au bout de la nuit, 1932.*

« [...] il avait même fini par faire l'emplette d'une carriole et d'un cheval, si bien qu'on ne rencontrait plus que lui sur les routes. »

ÉMILE ZOLA, *La Conquête de Plassans, 1874.*

« Tout à coup, au milieu d'une forêt de pins, le landau s'arrêta et le cocher se mit à jurer ; un vieil âne mort barrait la route. [...] Deux plaies vives à ses genoux disaient qu'il était tombé souvent, ce jour-là même, avant de s'abattre pour la dernière fois ; et une autre plaie sur le flanc indiquait la place où son maître, depuis des années et des années, le piquait avec une pointe de fer fixée au bout d'un bâton pour hâter sa marche alourdie. [...] Christiane, pour la première fois, comprit la misère des créatures esclaves ; et la mort aussi lui apparut comme une chose bien bonne par moments. [...] L'âne avait succombé aux fatigues, et l'homme sans pitié pour le serviteur mort, sans le pousser même jusqu'à l'ornière, l'avait laissé en plein chemin, devant les voitures qui viendraient. Puis, s'attelant à son tour, avec sa femme dans les brancards vides, ils s'étaient mis à tirer comme tirait la bête tout à l'heure. [...] Elle songeait à tout cela, Christiane, et des choses nouvelles surgissaient au fond de son âme effarée. Elle entrevoyait la misère des pauvres. »

GUY DE MAUPASSANT, *Mont-Oriol, 1887.*

BIBLIOGRAPHIE RÉCENTE

ANTOINE A. (dir.), *Des animaux et des hommes*, numéro spécial *Annales de Bretagne et des pays de l'Ouest*, 1999, 1.

ANTOINE A. (dir.), *La Maison rurale en pays d'habitat dispersé*, Presses universitaires de Rennes, 2005.

AUDIOT A., *Races d'hier pour l'élevage de demain*, INRA, 1995.

BACOT P., BARATAY É., BARBET D., FAURE O., MAYAUD J.-L. (dir.), *L'Animal en politique*, L'Harmattan, 2003.

BALDIN D. (éd.), *La Guerre des animaux, 1914-1918*, Historial de Péronne, 2007.

BARATAY É., *Et l'homme créa l'animal*, Odile Jacob, 2003.

BARATAY É., HARDOUIN-FUGIER É., *La Corrida*, PUF, 1995.

BARATAY É., HARDOUIN-FUGIER É., *Zoos, histoire des jardins zoologiques en Occident, XVIe-XXe siècles*, La Découverte, 1998.

BARATAY É., MAYAUD J.-L. (dir.), *L'Animal domestique*, numéro spécial *Cahiers d'histoire*, 1997, 3-4.

BARET-BOURGOIN É., *La Ville industrielle et ses poisons : les mutations de sensibilités aux nuisances et pollutions industrielles à Grenoble, 1810-1914*, Presses universitaires de Grenoble, 2005.

BARLES S., *L'Invention des déchets urbains, France, 1790-1970*, Champ-Vallon, 2005.

BARRIÈRE B., BLOMAC N. DE (dir.), *Cheval limousin, chevaux en Limousin*, Presses universitaires de Limoges, 2006.

BELLOT P., *Paris au temps des fiacres*, De Borée, 2006.

BENNASSAR B., *Histoire de la tauromachie*, Desjonquère, 1993.

BERNARD H., *La Terre toujours réinventée : la France rurale et les peintres*, Presses universitaires de Lyon, 1990.

BETEILLE R., *Le Chien*, PUF, 1997.

BIZET Y., *Les Chiens de travail dans la carte postale*, Gerfaut, 2002.

BLOMAC N. DE, *La Gloire et les jeux. Des hommes et des chevaux (1766-1866)*, Fayard, 1991.

BLOMAC N. DE, *Voyer d'Argenson et le cheval des Lumières*, Belin, 2004.

BLOY J.-P., *Les princes et les jockeys*, Atlantica, 2007.

BOBIS L., *Le Chat*, Fayard, 2000.

BODSON L. (éd.), *L'Animal de compagnie*, Université de Liège, 1997.

BODSON L. (éd.), *La Sépulture des animaux*, Université de Liège, 2001.

BOUCHET G., *Le Cheval à Paris de 1850 à 1914*, Honoré Champion, 1993.

BOULAINE J., *Histoire de l'agronomie en France*, Tec et Doc, 1992.

BRISEBARRE A.-M. (dir.), *Mort et mise à mort des animaux*, numéro spécial *Études rurales*, 147-148, 1998.

BRISEBARRE A.-M., *Bergers et transhumance*, De Borée, 2007.

BURGAT F., *L'Animal dans les pratiques de consommation*, PUF, 1995.

BURGAT F., *La Protection de l'animal*, PUF, 1997.

CHARMASSON T., LE LORRAIN A.-M., RIPA Y., *L'Enseignement agricole et vétérinaire de la Révolution à la Libération*, INRP, 1992.

CORBIN A., *Le Monde retrouvé de Louis-François Pinagot*, Aubier, 1998.

CORBIN A., *L'Homme dans le paysage*, Textuel, 2001.

CYRULNIK B. (dir.), *Si les lions pouvaient parler. Essais sur la condition animale*, Gallimard, 1998.

DIGARD J.-P., *L'Homme et les animaux domestiques*, Fayard, 1990.

DIGARD J.-P., *Une histoire du cheval*, Actes-Sud, 2004.

Ethnozootechnie, revue fondamentale pour l'histoire de l'élevage (5, avenue Foch, 54200 Toul).

FABRE-VASSAS C., *La Bête singulière. Les chrétiens, les juifs et le cochon*, Gallimard, 1994.

FANICA O., PÉTHIEU M., *Du lait pour Paris*, hors-série *Ethnozootechnie*, 2003.

FAURE O., « Le bétail dans la ville au XIXe siècle », *Cahiers d'histoire*, 1997, 3-4, p. 555-573.

FLANDRIN J.-L., MONTANARI M. (dir.), *Histoire de l'alimentation*, Fayard, 1996.

GUILLERME A., LEFORT A.-C., GIGAUDON G., *Dangereux, insalubres et incommodes. Paysages industriels en banlieue parisienne, XIXe-XXe siècles*, Champ-Vallon, 2004.

GUINTARD C., MAZZOLI-GUINTARD C. (dir.), *Élevage d'hier, élevage d'aujourd'hui, mélanges offerts à Bernard Denis*, Presses universitaires de Rennes, 2004.

HARDOUIN-FUGIER É., *Le Peintre et l'animal en France au XIXe siècle*, L'Amateur, 2001.

HARDOUIN-FUGIER É., *Histoire de la corrida en Occident*, Connaissance et savoirs, 2005.

HUBSCHER R., *Les Maîtres des bêtes. Les vétérinaires dans la société française*, Odile Jacob, 1999.

JACOB P., *Le Cirque, regards sur les arts de la piste du XVIe siècle à nos jours*, Plume, 1996.

JUSSIAU R., MONTMEAS L., PAROT J.-C., *L'Élevage en France, 10 000 ans d'histoire*, Educagri, 1999.

LIZET B., RAVIS-GIORDANI (éd.), *Des bêtes et des hommes*, CTHS, 1995.

MADELINE P., MORICEAU J.-M. (éd.), *Acteurs et espaces de l'élevage (XVIIe - XXIe siècle)*, Association d'histoire des sociétés rurales, 2006.

MARCHAND P., *Le maître de poste et le messager : une histoire du transport public en France au temps du cheval, 1700-1850*, Belin, 2006.

MAVRE M., *Attelages et attelés*, France-agri, 2005.

MAYAUD J.-L., *150 Ans d'excellence agricole en France. Histoire du Concours général agricole*, Belfond, 1991.

MAYAUD J.-L., *La Petite Exploitation rurale triomphante*, Belin, 1999.

MAYAUD J.-L., *Gens de la terre. La France rurale, 1880-1940*, Éditions du Chêne, 2002.

MAYAUD J.-L., *Gens de l'agriculture, 1940 à nos jours*, Éditions du Chêne, 2005.

MEILLER D., VANNIER P., *Limousines, l'évolution de la race bovine limousine en France et dans le monde*, La Manufacture, 1992.

MONESTIER M., *Les Animaux-soldats. Histoire militaire des animaux des origines à nos jours*, Cherche-Midi, 1996.

MORICEAU J.-M., *L'Élevage sous l'Ancien Régime*, Sedes, 1999.

MORICEAU J.-M., *Histoire et géographie de l'élevage français du Moyen Âge à la Révolution*, Fayard, 2005.

PASTOUREAU M., RAVENEAU A., BUREN R., *Le Bœuf : histoire, symbolisme et cuisine*, Sang de la Terre, 1992.

Pégase à Japeloup (De). Cheval et société, Festival d'histoire de Montbrison, 1995.

PELEN J.-N., MARTEL C., *L'Homme et le taureau en Provence et Languedoc*, Glénat, 1990.

POST S., *Les chevaux de mine retrouvés*, Lion couronné, 2007.

RISSE J., *Histoire de l'élevage en France*, L'Harmattan, 1994.

ROCHE D., REYTIER D. (dir.), *Les Écuries royales du XVIe au XVIIIe siècle*, Association pour l'Académie d'art équestre de Versailles, 1998.

ROCHE D., REYTIER D. (dir.), *Voitures, chevaux et attelages du XVIe au XIXe siècle*, Association pour l'Académie d'art équestre de Versailles, 2000.

ROCHE D., REYTIER D. (dir.), *À cheval ! Écuyers, amazones et cavaliers du XVe au XXIe siècle*, Association pour l'Académie d'art équestre de Versailles, 2007.

ROCHE D. (dir.), *Le Cheval et la guerre, du XVe au XXe siècle*, Association pour l'Académie d'art équestre de Versailles, 2002.

SALMONA M., *Les Paysans français*, L'Harmattan, 1994.

SAUMADE F., *Des sauvages en Occident. Les cultures tauromachiques en Camargue et en Andalousie*, MSH, 1994.

SAUMADE F., *Les Tauromachies européennes*, CTHS, 1998.

SPINDLER F., *Un siècle et demi d'élevage en France*, Agreste Étude, 1990.

TILLIER B., *La Républicature, la caricature politique en France, 1870-1914*, CNRS, 1997.

Vies de chien, Gorcuff, 2000.

VISSAC B., *Les Vaches de la République*, INRA, 2002.

CRÉDITS PHOTOGRAPHIQUES

p 10-11 © RMN- © Hervé Lewandowski
p. 13 © Musée Cantonal des Beaux-Arts de Lausanne, Suisse/Photo © Held Collection/The Bridgeman Art Library
p. 14-15 © Photo RMN – © Gérard Blot
p. 17 © LL/Roger-Viollet
p.18 © Selva/Leemage
p. 19 © CAP/Roger-Viollet
p. 20 © Collection Grob/Kharbine-Tapabor
p. 21 © Roger-Viollet
p. 22-23 © Musée de la Ville de Paris, Musée Carnavalet, Paris, France/Lauros/Giraudon/The Bridgeman Art Library
p. 24 © Selva/Leemage
p.25 © LAPI/Roger-Viollet
p. 26 Collection Kharbine Tapabor
p. 27 Collection Kharbine Tapabor
p. 28-29 © Paris, Musée de l'Armée, Dist. RMN – © Jean-Louis Charmet
p. 30 Collection IM/Kharbine-Tapabor
p. 31 © Selva/Leemage
p. 33 © Selva/Leemage
p. 34 © Selva/Leemage
p. 35 © Delius/Leemage
p. 36 Collection Jonas/Kharbine-Tapabor
p. 37 © The Sullivan Collection/The Bridgeman Art Library
p. 38 © Abecasis/leemage
p. 39 © Jacques Boyer/Roger-Viollet
p. 40-41 Collection Kharbine-Tapabor
p. 42 © Gusman/Leemage
p. 43 © Costa/Leemage
p. 44-45 © Roger-Viollet
p. 46 Collection IM/Kharbine-Tapabor
p. 47 © Musée d'Art et d'Industrie, Roubaix, France/Giraudon/The Bridgeman Art Library
Nationality/copyright status : French/out of copyright
p. 48 © Collection particulière/The Stapleton Collection/The Bridgeman Art Library, Nationality/copyright status : English/out of copyright
p. 49 © Héritage Images/Leemage
p. 50-51 Bibliothèque des Arts décoratifs, Paris, France/Archives Charmet/The Bridgeman Art Library
p. 53 © Photo RMN –© Thierry Le Mage
p. 54-55 © Costa/Leemage
p. 56-57 Musée de la Ville de Paris, Musée Carnavalet, Paris, France/Lauros/Giraudon/The Bridgeman Art Library
p. 58 © Gusman/Leemage
p. 59 © AISA/Leemage
p. 60 © Henri Roger/Roger-Viollet
p. 61 Bibliothèque nationale
p. 62-63 Collection IM/Kharbine-Tapabor
p. 65 Collection Perrin/Kharbine-Tapabor
p. 67 © Selva/Leemage
p. 68 Collection Perrin/Kharbine-Tapabor
p. 69 Collection Perrin/Kharbine-Tapabor
p. 70 © Selva/Leemage
p. 71 © Roger-Viollet
p. 72 © ATP, Dist. RMN – © H. Jézequel
p. 73 © Héritage Images/Leemage
p. 75 Collection Jonas/Kharbine-Tapabor
p. 76 Collection Perrin/Kharbine-Tapabor
p. 77 Collection Perrin/Kharbine-Tapabor
p. 78-79 Collection Perrin/Kharbine-Tapabor
p. 80 © Jacques Boyer/Roger-Viollet
p. 81 Bibliothèque nationale, Paris, France/Archives Charmet/The Bridgeman Art Library
p. 82-83 © Jacques Boyer/Roger-Viollet
p. 84-85 © Léopold Mercier/Roger-Viollet
p. 87 © LL/Roger-Viollet
p. 88-89 © AISA/Leemage
p. 90 Kharbine-Tapabor/Collection S. Kakou
p. 91 © Photo RMN – © Gérard Blot/Hervé Lewandowski
p. 92-93 © Electa/Leemage
p. 94 © Delius/Leemage
p. 95© Delius/Leemage
p. 96 Collection CT/Kharbine-Tapabor
p. 97 Collection IM/Kharbine-Tapabor
p. 98 © Delius/Leemage
p. 99 © Selva/Leemage
p. 100 © Selva/Leemage
p. 101 © Roger-Viollet
p. 102-103 © Delius/Leemage
p. 105 © Robert Doisneau/Rapho
p. 106-107 Collection particulière/Photo © Bonhams, Londres, Royaume-Uni/The Bridgeman Art Library
p. 108 © Roger-Viollet
p. 109 © Costa/Leemage
p. 110-111 © Delius/Leemage
p.113 © Albert Harlingue/Roger-Viollet
p. 114-115 © LL/Roger-Viollet
p. 116 © Delius/Leemage
p. 117 © Selva/Leemage

p. 118-119 © Bruni/Alinari/Roger-Viollet
p. 121 © Art Gallery and Museum, Kelvingrove, Glasgow, Écosse/ © Glasgow City Council (Museums)/ The Bridgeman Art Library
p. 122-123 Collection Kharbine-Tapabor
p. 124 © Selva/Leemage
p. 125 © Photo RMN – © Bulloz
p. 126-127 Collection Kharbine Tapabor
p. 128 Léopold Mercier/Roger-Viollet
p. 129 © Musée des Beaux-Arts, Tourcoing, France/Giraudon/ The Bridgeman Art Library
p. 130-131 © Roger-Viollet
p. 132 © Jacques Boyer/Roger-Viollet
p. 133 Bibliothèque nationale
p. 134-135 © Photo RMN – © Bulloz
p. 136 Collection Perrin/Kharbine-Tapabor
p. 137 Bibliothèque nationale
p. 139 © Royal Holloway and Bedford New College, Surrey, Royaume-Uni/The Bridgeman Art Library
p. 140-141 © Photo RMN – © Gérard Blot
p. 143 © Fototeca/Leemage
p. 144-145 © Photo RMN – © Jean-Gilles Berizzi
p. 146-147 Collection IM/Kharbine-Tapabor
p. 149 © Selva/Leemage
p. 150 Kharbine-Tapabor/Collection S. Kakou
p. 151 Kharbine-Tapabor/Collection S. Kakou
p. 152 © Roger-Viollet
p. 153 © Jacques Boyer/Roger-Viollet
p. 154 Collection Dixmier/Kharbine-Tapabor
p. 155 Collection Kharbine-Tapabor
p. 158-159 © Jacques Boyer/Roger-Viollet
p. 160-161 Collection Perrin/Kharbine-Tapabor
p. 163 © Leemage
p. 165 © MP/Leemage
p. 168 © Gusman/Leemage
p. 169 © Gusman/Leemage
p. 170-171 Collection Kharbine-Tapabor
p. 172-173 Collection Kharbine-Tapabor
p. 174-175 Bibliothèque nationale
p. 176 Collection Kharbine-Tapabor
p. 177 Collection Kharbine-Tapabor
p. 178 Collection Kharbine-Tapabor

REMERCIEMENTS

Je remercie amicalement Alain Corbin, qui m'a invité à écrire ce livre pour sa belle collection aux Éditions de La Martinière. J'ai été d'autant plus heureux de le faire que son œuvre a enchanté beaucoup d'historiens (et bien d'autres) en leur ouvrant des horizons nouveaux. Ce livre est donc un petit moyen de payer une dette.
Grand merci aux chercheurs penchés comme moi sur l'animal, et dont les réflexions nourrissent les miennes.
Enfin une caresse à Noisette, qui me surveille attentivement, d'un œil assoupi, lorsque je travaille à mon bureau et qui m'apporte la balle lorsqu'elle considère que cela suffit.

conception graphique | **DAVID LONGUEIN**
recherche iconographique | **KADIGHA AGLAN**

Achevé d'imprimer en juillet 2008
sur les presses de IME à Baume-les-Dames, France.
Dépôt légal : septembre 2008
ISBN : 978-2-7324-3744-6